E. F. Bauer

Dackel

Jagdhund mit Herz

Österreichischer Jagd- und Fischerei-Verlag

E. F. Bauer

Dackel

Jagdhund mit Herz

Österreichischer Jagd- und Fischerei-Verlag

Titelfoto: Klaus Schneider

Fotos: Helmut Ctverak *(S. 10)*, Horst Rohleder *(S. 77)*, Erich Marek *(S. 81)*. Alle übrigen Fotos und Zeichnungen wurden vom Autor zur Verfügung gestellt, mit Dank an: Bärbel Hiller, Gabriele Weinreich, Sandra Dittschar, Brigitte Behrens, Christel Stadelbauer, Martin Fries, Hans Georg Kowalschik, Marianne Wein-Gysae, Deutscher Teckel-Klub e. V. (Zeichnungen)

Lektorat & Layout & Leitung Produktion: Dr. Michael Sternath
Dont lovem lil legless leguans,
but, the heck,
seemabe dogs anyway!

Verlagssekretariat: Angela Lobinger

Gesamtherstellung: Druckerei Ferdinand Berger & Söhne Ges.m.b.H., Horn

ISBN 3-85208-038-X

INHALT

Vorwort

Gleichgültig, ob wir ihn „Dackel“, „Dachshund“ oder „Teckel“ nennen, er ist und bleibt immer derselbe: sicher kein Spielzeug und ebenso sicher kein Sklave, dafür aber eine starke Persönlichkeit und ein liebenswerter Hausgenosse, der beste Freund der Familie und ein hervorragender Jagdhund, der wie kein anderer Vierbeiner Eingang in die Herzen aller Bevölkerungsschichten gefunden hat.

Wer einmal mit ihm zu tun hatte, der kommt nie mehr von ihm los. Aus einer „Biene“ wurde bei uns eine „Anka“ und aus dieser eine „Burgl“. Die brachte wiederum einen „Emmeran“ hervor, und zum Schluß kam dann die „Otti“, die größte Persönlichkeit, mit der wir leben durften.

Über den Dackel, Dachshund oder Teckel soll hier geschrieben werden, getreu dem Motto, das Fachleute einmal geprägt haben:

> *„Er besitzt Schönheit, ohne eitel zu sein,*
> *Kraft und Vermessenheit und Mut.*
> *Eben alle Tugenden des Menschen,*
> *ohne seine Schwächen.“*

Die Abstammung

Bevor wir zu unserem eigentlichen Thema, den „Dackel", kommen, ein paar Worte zur Abstammung des Hundes allgemein:

Eine Art Windhund gab es bereits längst in Asien und Afrika, bevor wir in Europa Ähnliches kannten. Heute weiß man, daß nach der letzten Eiszeit in Europa Rudel von Goldschakalen den Menschen aus asiatischen Räumen nach Westen und Norden folgten, die sich von den Abfällen ernährten, welche an verlassenen Lagerplätzen zurückgeblieben waren.

Diese Vierbeiner haben dem Menschen auch den ersten Dienst erwiesen – immer gerechnet in großen Zeitabständen –, indem sie bei der Annäherung von großem Raubwild oder überhaupt bei Gefahr durch ihr Geheul warnten. Mit der Zeit erkannte der Mensch, der in dieser Zeit ausschließlich von der Jagd gelebt hat, den Wert dieses vierbeinigen Genossen, erst recht, wenn er auf den Spuren der Schakale verwundetem Wild folgte.

Es kann durchaus sein, daß der Mensch in dieser Zeit das erste Schweifwedeln wahrnahm, und zwar als Dank für den hingeworfenen Bissen. Als dann am Ende der frühen Steinzeit der Mensch seßhaft wurde, hatte sich der Wildhund längst in unserem Lebensraum eingerichtet.

In England, dem klassischen Land der Hundezucht, war es dann, wo man mit einem planmäßigen Züchten begann, und zwar nach zwei Gesichtspunkten: nach dem Gesichtspunkt der Jagd und nach dem Gesichtspunkt der Schönheit.

Damit zurück zu unserer ursprünglichen Frage: Woher stammt der Dachshund?

Ein Buch über Hunde im allgemeinen erschien vor rund zweihundertfünfzig Jahren. Gedruckt wurde es in lateinischer Sprache, und herausgebracht wurde es in der schwedischen Universitätsstadt Uppsala. Von „Kynologie“ war damals noch nicht die Rede, aber der Titel dieses Buches, „Cynographia“, läßt doch schon einige Rückschlüsse zu. In dem Buch wird eine Hunderasse mit kurzen und gekrümmten Beinen beschrieben, außerdem wird erwähnt, daß dieser Hund gerne in den Erdbau geht. Es mag sein, daß es sich dabei um den Dackel gehandelt hat.

Die um das achte Jahrhundert verfaßte „Lex Bajuvarum“ gewährte unserem Dackel bereits gesetzlichen Schutz, denn da heißt es wörtlich: *„In betreff der hunde, die sie bibarhunde nennen, die unter der erde jagen; wer einen solchen tötet, büße ihn mit sechs schilling.“* – Das war damals viel Geld, und wer nicht in bar zahlen wollte, der konnte seine Strafe auch in Naturalien begleichen. Er hatte die Alternative, sich *„18 unzen fleisch vom Habicht aus seinen hoden kröpfen zu lassen“*.

Der Blick in die Geschichte läßt erkennen, daß die Entstehung des kleinen, meist sehr scharfen Hundes in verschiedenen Zeitepochen zu suchen ist.

Sieht man von Knochenfunden aus vorgeschichtlicher Zeit ab, die den Dachshund in den Alpen schon sehr früh als bodenständig ausweisen, so tritt er erstmals auf dem Grabdenkmal des ägyptischen Königs Totmes III. um 2000 vor unserer Zeitrechnung in das Blickfeld der Überlieferungen. Bereits das „Bajuwarische Gesetz“ erwähnt – wie schon zitiert – einen „Bibarhunt“, der unter der Erde jagt. Im Laufe der nachfolgenden tausend Jahre taucht er in der Literatur, ganz besonders aber in der Ende des Mittelalters erschienenen Jagdliteratur, immer wieder auf. Es ist da die Rede vom „Tachswürger“, „Otterhund“, „Schlieferlein“ oder „Lochhündle“.

Flemming schrieb im Jahre 1719:

> „Für die Baujagd man eine besondere Art einiger kleinen Erd-hündlin als schlieffer oder kriecher gebrauchet, so zu ihrem besseren fortkommen klein, lang und schmahl vom Leibe, mit niedrigen, etwas eingebogenen füßlein versehen und hierzu dienlich sind. Diese Pygmäi, Bergleute oder

> Minirer sind eigentlich die Zwerge aller anderen Hunde zu nennen, und sind ob sie wohl klein, dennoch so eyfrig und suchen ihres herrn dienst nach äußerstem vermögen zu vollstrecken. Sie kriechen, treiben und stöbern ihr wild, schlagen an und stehen vor *(Hier hat Flemming offensichtlich geirrt!)*, mit solchem Fleiß und eyffer, als wohl gemahls die anderen. Diese Zwergart ist meistentheils von farben roth oder schwärzlicht mit behangenen Ohren. Diese dachshund werden auch von einigen öfters als stöberhunde gebrauchet."

Döbel berichtet in seiner „Jägerpraktika" 1746 unter anderem: *„... und weyl sie also gar nützlich und nicht kostbar zu halten seyen, sind sie gar wohl zu haben..."* – Auch empfiehlt er das Stöbern mit dem Dachshund, *„denn der hase ästimiret die kleinen hunde nicht sehr und rückt sachte vor sie fort, da man sie dann leichtlich davor schießet"*.

Zurück noch einmal in frühere Zeiten. In dem etwa um 1300 veröffentlichten und um 1500 erstmals in deutscher Sprache erschienenen Naturkundebuch eines Petrus de Crescendtiis heißt es bereits:

> „Es werden die Füchs und die Dachs mit Schliefferlin gefangen, welcher Hündlin zweyerley art und Geschlecht seiend. die einen haben kurtze gekrummte Füß und seind gemeinglich kurtz von haar. die andern haben starcke gerade Füß und rauhe haar, gleich wie auch zottichter Barbet."

Man kann also davon ausgehen, daß es gegen Ende des Mittelalters krumm- und geradläufige Dachshunde in den Haararten „kurzhaarig" und „rauhhaarig" gegeben hat.

Am Anfang des 19. Jahrhunderts war die Rasse der Dackel nach Farbe und Form noch sehr differenziert. Orphal schreibt um 1800:

> „Sie sind gewöhnlich schwarz mit rothen Flecken. zwar trifft man auch braune und rothe und selbst bunte an, doch sind letztere gewöhnlich keine reine Race. die ganz weißen

> sind sehr selten. gewöhnlich wird der Dachshund nur zur Dachs- und Fuchsjagd, aber auch zur Fischotter- und Kaninchenjagd gebraucht."

Eine etwas straffere Linie wurde erst in der zweiten Hälfte des 19. Jahrhunderts eingeleitet und auch erreicht.

In seinem Buch „Die jagdbaren Thiere Europas und die dazu gebräuchlichen Hunderacen" aus dem Jahre 1886 schreibt Jean Bungartz im Kapitel „Der Dachshund":

> „Der Dachshund, den wir mit vollem Recht einen deutschen Nationalhund nennen dürfen *(Hier hatte Bungartz doch sehr die nationalstaatliche Brille aufgesetzt, denn den Österreichern gebührt ein großes Verdienst, was die jagdliche Brauchbarkeit und insbesondere die Schönheit des Dachshundes betrifft)*, war von je her in der Jägerei ein beliebter und vielseitig brauchbarer Jagdgehilfe des Waidmannes, und sein Alter reicht bis in die ältesten Zeiten..."

Bereits damals erkannte man den Dackel als Hund sowohl für die Familie als auch für die Jagd. Seine Blütezeit sollte aber erst noch kommen.

Die Anschaffung

Auf keinen Fall sollte es ein Spontankauf sein. Zwar gilt bei keinem Hund der Ausspruch „Liebe auf den ersten Blick“ mehr, als beim Dackel. Trotzdem sollte sich aber die ganze Familie vor dem Kauf zusammensetzen und alle Für und Wider beratschlagen. Ist es nur eine momentane Laune der Kinder? Wird der Hund auch wirklich von der ganzen Familie angenommen? Ebenso sollte daran gedacht werden, daß man mit dem Hund mindestens zehn Jahre, wenn nicht länger, zusammenleben wird – reicht die Liebe so lange?

Hat man sich dann entschlossen, einen Welpen zu kaufen, dann sollte über die Anschaffungskosten nachgedacht werden, und da darf auf keinen Fall mit dem Sparen begonnen werden! Ein Hund mit Papieren aus einer guten Zucht kostet nun einmal mehr als irgendein Zamperl. Es muß auch daran gedacht werden, daß die angelegte Summe in keinem Verhältnis zu dem steht, was uns der Dackel eines Tages bedeuten kann. Wer am Anfang schon auf jeden Cent schaut und über einen Billigkauf nachdenkt, der sollte die Finger davon lassen. Ein Hund ist keine Handelsware!

Auch die Haltung eines Dachshundes ist nicht kostenfrei. Wer da etwa glaubt, sein neuer Hausgenosse sei so eine Art Müllschlucker, der liegt gründlich schief. Krankheiten werden bald die Quittung sein. Der Hund sollte ein voll integriertes Familienmitglied sein, und wer ihn mit Geiz umgibt, zeigt, daß es mit seiner Liebe nicht weit her ist. Das alles gilt auch für den Lager- und Schlafplatz. Nur, wer an eine gute Unterbringung seines Dackels denkt, kann sich selbst eine gute Note geben.

Auf eines darf bei der Anschaffung eines Dackels nicht vergessen werden: Der Hund verschafft uns (wieder) Bewegung. Gar mancher wird sich erst wieder daran gewöhnen müssen, auch bei schlechtem Wetter in die Natur zu gehen, vielleicht auch erst wieder dazu ermuntert, zu vernünftigen Zeiten aufzustehen, womit der Hund für einen sinnvollen Tagesablauf sorgt. Tiere haben einen sehr guten Sinn für Regelmäßigkeiten. Damit erreichen die Bedürfnisse unseres neuen Hausgenossen eine nicht zu unterschätzende erzieherische Wirkung auf uns oder unsere Mitbewohner, denn selbstverständlich haben wir vor dem Kauf im Familienrat mit den Kindern vereinbart, daß auch sie mit dem Hund „Gassi" gehen.

Rüde oder Hündin?

Die nächste Frage lautet: Rüde oder Hündin? Man glaubt gar nicht, was ein Züchter oft hören muß, wenn es um diese Frage geht!

Das Weibchen ist bekanntlich der Urform näher als das Männchen. Es ist unauffälliger in der Gestalt, es ist feingliedriger und, was nicht vergessen werden sollte, ein besserer Futterverwerter. Meistens ist es härter in der Kondition als der Rüde, argwöhnischer und besonders zur Zeit der Welpenführung mit einem ungeheuren Schutzinstinkt ausgestattet, der jedem Angreifer zum Verhängnis werden kann.

Das Männchen, in diesem Fall der Rüde, wird, gemäß seiner Art, von der Natur besser für den Kampf ausgerüstet. Er wird außerdem mit dem Trieb versehen, alles, was paarungsbereit ist und zu seiner Gattung gehört, zu belegen und somit für Nachwuchs zu sorgen.

Bei der Geburt ist ein weiblicher Welpe meist etwas schwerer als die Brüder und bleibt es bis ungefähr zum fünften Monat. Während dieser Zeit ist das Hundemädchen ihren Brüdern in allem überlegen und auffallend frühreif. Die spätere Haarfarbe und Haarbeschaffenheit sind schon sehr früh erkennbar. Der Knochenbau festigt sich ebenfalls viel früher als beim Rüden. Der angeborene Schutztrieb entwickelt sich, wenn nicht schon vorher, so bestimmt bei der Geschlechtsreife und nur in Sonderfällen erst mit dem ersten Wurfakt.

Rauhhaarige Nachwuchshoffnung.

In den Hitzeperioden verspürt die sonst haustreue Hündin einen stärkeren Hang zum Streunen und zum Ungehorsam. Der Jäger sagt, „sie verliert ihre Nase“, das heißt den Geruchssinn. Es kann in dieser Zeit nämlich vorkommen, daß eine Hündin dann kein verläßlicher Arbeitshund mehr ist. Auch neigt sie in dieser Zeit zur Bissigkeit. Zu irgendwelchen Gebrauchsprüfungen wird die Hündin in der Hitze nicht zugelassen. Überhaupt ist der Hundeführer gut beraten, dann zu keiner Prüfung zu gehen, denn erstens bringt die Hündin keine Leistung, und zweitens sind alle anwesenden Rüden auch zu nichts mehr zu gebrauchen.

Der Hundebesitzer, der nicht auf die Jagd geht und den Hund nur zu seinem Vergnügen hat, sollte in dieser Zeit äußerst wachsam sein und seine Hündin sorgfältig wegschließen. Sämtliche Hunde aus der Nachbarschaft, gleichgültig ob groß oder klein, stehen ohnehin vor der Tür. Der Besuch einer Ausstellung oder einer Zuchtschau ist in dieser Zeit gleichfalls nicht angebracht.

Ein Rüde ist in den ersten Lebensmonaten anfälliger für Krankheiten als eine Hündin. Auch können bei ihm sehr spät Fehler auftreten, mit denen niemand mehr gerechnet hat, bedingt durch seine Spätreife. Bis er richtig erwachsen ist, hat er so seine Launen, die mit seinen unterschiedlichen Entwicklungsstadien zusammenhängen. Einmal ist er ganz zahm, dann ist er wieder aggressiv, einmal glaubt man, er ist hundertprozentig stubenrein, und plötzlich pinkelt er wieder an alle Ecken und Enden. Die Entwicklung seines Gebisses ist früher abgeschlossen als bei seinen Schwestern. Außerdem ist er der schlechtere Futterverwerter, seine Rippen werden immer leicht durchschimmern, und er wird nie so kugelrund werden, wie ein Hundemädchen.

Zu berücksichtigen ist vielleicht noch, daß sich Frauen mit Rüden oft etwas leichter tun, von Ausnahmen abgesehen, denn letztlich ist alles eine Erziehungsfrage, und kein Hundebesitzer sollte vergessen, daß sowohl Rüde als auch Hündin in erster Linie eines ist: ein Hund. Wer seinen Vierbeiner zu sehr vermenschlicht, der wird sehr bald die (bösen) Folgen tragen.

Das Aussehen

Kurzläufig, langgestreckt, stramm: So soll ein Dackel aussehen.
(Langhaar-Dackel-Rüde im Alter von neun Monaten)

Erscheinungsbild

Gestalt

Der Dachshund soll eine kurzläufige, langgestreckte und niedrige Gestalt haben, die aber keinesfalls locker, sondern stramm sein soll, ausgestattet mit einer guten Muskulatur. Der Dackel darf trotz seines langen Körpers und seiner kurzen Gliedmaßen weder plump noch krüppelhaft wirken.

Kopf

Der Kopf soll langgestreckt sein. Von oben und von der Seite betrachtet soll er sich zur Nasenspitze hin verschmälern. Der Oberkopf darf nur wenig gewölbt sein, zum gewölbten Nasenrücken hin soll er ohne Stirnansatz verlaufen.

Fang

Der Fang soll weit dehnbar und bis hinter die Augen gespalten sein. Nasenknorpel und Nasenkuppe: lang und schmal; Lippen: straff gespannt, den Unterkiefer gut deckend, weder tief noch rüsselartig spitz, mit leicht angedeutetem Mundwinkel.

Augen

Die Augen sollen mittelgroß und oval sein und seitwärts liegen, mit einem klaren, freundlichen und doch energischen Ausdruck, aber nicht stechend; ihre Farbe kann bei allen Haarfarben der Dachshunde dunkelrotbraun bis schwarzbraun sein. Glas-, Fisch- oder Perlaugen bei grauen und gefleckten Dackeln sind nicht fehlerhaft, aber auch nicht sehr erwünscht.

Hals

Der Hals soll genügend lang sein, muskulös und trocken, keine Kehlwamme haben, mit einer leichten Wölbung im Genick und frei hoch getragen werden.

Rücken

Der Rücken soll einen hohen und langen Widerrist haben, im Verlauf der weiteren Brustwirbel gerade verlaufen und in der Lendenpartie eine leichte Wölbung zeigen.

Brust

Bei der Brust soll das Brustbein derb sein und so stark vorspringen, daß sich an beiden Seiten Gruben zeigen. Der Brustkorb ist von vorn gesehen oval, von oben und von der Seite gesehen großräumig, dem Herzen und der Lunge eine breite Lagerung und somit eine volle Entwicklung gewährend; er soll weit nach hinten aufgerippt sein und allmählich in die Bauchlinie überführen. Bei richtiger Länge und Winkelung von Schultern und Oberarm verdeckt in Seitenansicht der Vorderlauf den tiefsten Punkt der Brustlinie.

Bauch

Der Bauch soll mäßig aufgezogen sein.

Pfoten

Die Vorderpfoten sollen geschlossen und gut gewölbt sein, mit kräftigen Fußballen.
Die Pfoten der Hinterhand müssen vier dicht geschlossene und schön gewölbte Zehen aufweisen, wie die der Vorderpfoten.
Der gesamte Fuß muß auf den Sohlenballen ruhen und nicht nur auf den Zehen stehen.
Kurze Nägel sind erwünscht.
Die Hinterhand soll, von hinten gesehen, vollständig gerade sein.

Behang

Der Behang soll hoch, aber nicht so weit vorne angesetzt sein, reichlich lang aber nicht zu lang sein, schön abgerundet, nicht schmal, spitz oder faltig. Er soll gut beweglich sein und mit dem vorderen Saum dicht an der Wange anliegen.

Rute

Die Rute soll in derselben Linie wie das Rückgrat angesetzt sein und schön verlaufen, ohne starke Krümmung.

Rutenformen und Rutenstellungen

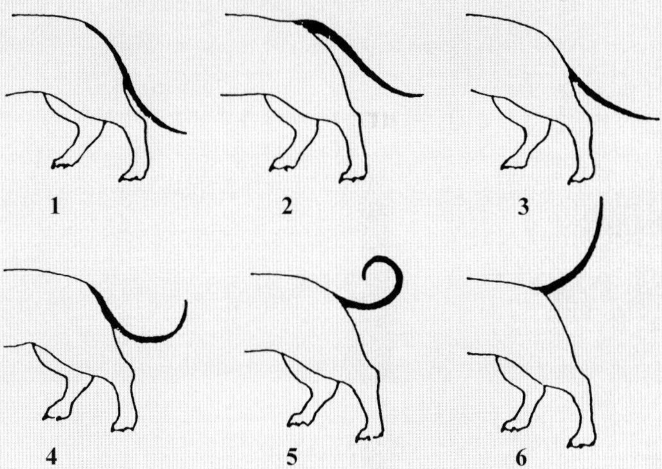

1 = erwünschte Rutenform und -stellung
2 = Rute zu hoch angesetzt
3 = Rute zu tief angesetzt
4 = Sichelrute
5 = Posthornrute
6 = hoch getragene Rute – Ausdruck freudiger Erregung, meist bei jungen Hunden

Die Rutenstellungen 2 bis 5 werden nicht gerne gesehen. Bei Ausstellungen gibt es auf jeden Fall eine Formwertminderung.

Haararten

Der Dackel wird in drei verschiedenen Haararten gezüchtet: kurzhaarig, rauhhaarig und langhaarig.
Alle drei Haararten müssen den vorhin angeführten Merkmalen des allgemeinen Erscheinungsbildes entsprechen.

1. Kurzhaar-Dackel

Zweifarbige Kurzhaar-Dackel-Hündin.
Es gibt auch einfarbige bzw. gefleckte/gestromte/getigerte Kurzhaar.

Behaarung:

kurz und dicht, glänzend, glatt anliegend, nirgends unbehaarte Stellen zeigend; Fehler sind zu feines und dünnes Haar, allzu reiches Haar, Lederenden an den Behängen.

Rute: fein verlaufend, voll aber nicht zu reich behaart; Bürstenrute ist fehlerhaft, gleichfalls eine auf der ganzen Länge unbehaarte Rute.

Einfarbige Kurzhaar-Dackel:

Haarfarbe, Nase und Nägel: rot, rotgelb, gelb, alles mit oder ohne schwarze Stichelung; reine Rotfärbung sieht man lieber als rotgelb und gelb; auch schwarz gestichelte Hunde gehören hierher und nicht unter die andersfarbigen.

Nase und Nägel: schwarz; rot ist zulässig aber nicht erwünscht.

Zweifarbige Kurzhaar-Dackel:

tiefschwarz oder braungrau oder weiß, jeweils mit gelben oder rostbraunen Abzeichen (Brand) über den Augen, an den Seiten des Fanges und der Unterlippe, an der Vorderbrust, am inneren Behangrand, an den Innen- und Hinterseiten der Läufe, an den Pfoten, um das Weidloch und von da ab bis etwa ein Drittel bis Hälfte der Unterseite der Rute.

Nase und Nägel: bei schwarzen Hunden schwarz, bei grauen Hunden Nase und Nägel grau, bei braunen Hunden braun oder schwarz.

Gefleckte (gestromte oder getigerte) Kurzhaar-Dackel:

Die Haarfarbe des Tigerdackels ist ein heller, bräunlicher, grauer bis weißer Grund mit dunklen unregelmäßigen Flecken. Die des gestromten Dackels ist rot oder gelb mit dunkler Stromung.

Nase und Nägel: wie bei den Ein- und Zweifarbigen.

Fehler: weiß ohne jeden Brand, schwarz ohne jeden Brand; zu großer Brand ist nicht erwünscht.

2. Rauhhaar-Dackel

Rauhhaar-Dackel.
Charakteristisch ist die anliegende dichte und drahtige Jacke.

Behaarung:

Mit Ausnahme von Augenbrauen, Fang und Behang am ganzen Körper vollkommen ausgeglichene, mit Unterwolle durchsetzte, anliegende, dichte drahtige Jacke; am Fang bildet sich ein Bart; die Augenbrauen sollen buschig sein; am Behang ist die Behaarung kürzer als am Körper, fast glatt; die Rute ist derb aber möglichst anliegend behaart, verjüngt auslaufend, aber ohne Büschel.

Die Gesamtbehaarung sollte so wirken, daß der rauhhaarige Dachshund, aus der Ferne betrachtet, einem kurzhaarigen gleicht.

Fehlerhaft ist zu weiches Haar, zu langes und nach allen Richtungen des Körpers abstehendes welliges oder gelockertes Haar; ferner eine Rute mit Fahne.

Bei der Haarfarbe sind alle Farben zulässig. Weiße Abzeichen an der Brust sind erlaubt, aber nicht sehr erwünscht. Ansonsten gilt dasselbe wie beim Kurzhaar-Dackel.

3. Langhaar-Dackel

Behaarung:

Das einzige unterscheidende Merkmal des Langhaar-Dackels zum Kurzhaar ist die längere, seidenartige Behaarung.

Das weiche, schlichte, glänzende Haar verlängert sich unter dem Hals, an der gesamten Unterseite des Körpers, erst recht am Behang und an der Hinterseite der Läufe zu einer hervorragenden Feder, und es erreicht seine größte Länge an der Unterseite der Rute. Die Behaarung soll am unteren Rande des Behanges überfallen. Eine kurze Behaarung an dieser Stelle – sogenannte „Lederenden" – ist nicht erwünscht. Auch eine überreiche Behaarung der Pfoten – sogenannte „Flossen" – ist nicht erwünscht.

Die Rute wird in einer schönen Verlängerung der Rückenlinie getragen; an ihr erreicht die Behaarung des Körpers wie gesagt die größte Länge und bildet eine vollständige Fahne.

Als Fehler wird eine überladene, das heißt am ganzen Körper gleichmäßig lange Behaarung angesehen; weitere Fehler sind zu stark gerolltes oder struppiges Haar, das Fehlen der Fahnenrute oder das Überhängen des Haares am Behang, stark gescheiteltes Haar auf dem Rücken oder eine zu lange Behaarung zwischen den Zehen der Pfoten.

Haarfarbe, Nase und Nägel: wie Kurzhaar-Dackel.

„Kopfstudie“ eines Langhaar-Dackels.
Das weiche, glänzende Haar verlängert sich ab dem Hals immer mehr.

Typenvergleich:

Ein typischer Kurzhaarteckel.

Ein typischer Rauhhaarteckel.

Ein typischer Langhaarteckel.

Zwerg-Dackel und Kaninchen-Dackel

Der Zwerg- und der Kaninchen-Dackel – Gesamtbezeichnung: „Klein-Dackel“ –, die es gleichfalls in den drei Haararten Kurzhaar, Rauhhaar und Langhaar gibt, sollen in allen Teilen und Eigenschaften ihren „großen“ Verwandten, dem Normalschlag, gut proportioniert gleichen.

Der Zwerg-Dackel soll einen Brustumfang von 35 Zentimetern im Alter von 15 vollendeten Monaten nicht übersteigen, und beim Kaninchen-Dackel soll der Brustumfang im Alter von 15 vollendeten Monaten nicht größer als 30 Zentimeter sein.

Anlaß für die Zucht von Klein-Dackeln war die in den deutschen Ostgebieten um die Wende zum 20. Jahrhundert vorherrschende Kaninchenplage. Die ersten Zuchtversuche mit dem Normalschlag und kleineren Hunderassen, zum Beispiel dem Pinscher, führten dazu, daß der eigentliche Dackeltyp restlos verlorenging. Gottseidank gab es aber einige Züchter, die das drohende Debakel witterten und rechtzeitig erkannten, daß der richtige Weg nur in der Reinzucht liegen könne. So entstand im Jahre 1905 der Kaninchenteckelklub, dessen Mitglieder ausschließlich Forstleute und Jäger waren. Aber erst nach dem Ende des Zweiten Weltkrieges kamen der Zwerg- und der Kaninchen-Dackel richtig zur Geltung.

Die heutigen Zwerg- und Kaninchen-Dackel haben die gefürchteten Pinscherköpfe ganz verloren und gleichen damit ihren großen Brüdern und Schwestern vollkommen.

Wie erwähnt, wurden diese Dachshunde ursprünglich nur für den Jagdgebrauch gezüchtet, in den letzten vier Jahrzehnten aber erfreuten sie sich zunehmend auch bei vielen Menschen größter Beliebtheit, die sich einen Dackel einfach aus reiner Liebhaberei halten.

Der Körper

Die Zeichnungen auf den folgenden Seiten zeigen die Körperteile, den Knochenaufbau und die inneren Organe des Dackels.

Körperteile

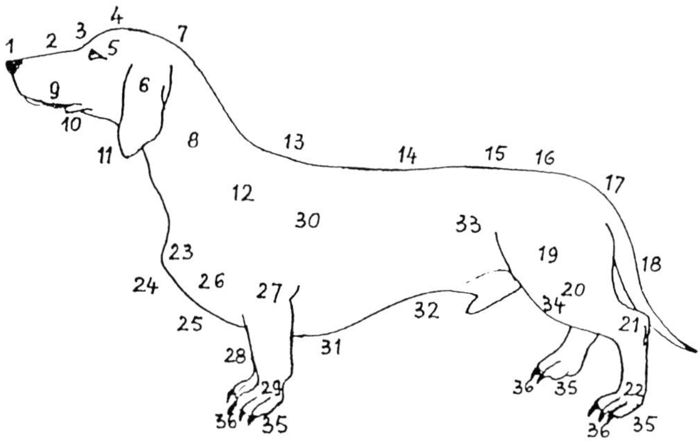

1	Nase	13	Widerrist	25	Vorbrust
2	Nasenrücken	14	Rücken	26	Oberarm
3	Stirnabsatz	15	Nierenpartie	27	Ellenbogen
4	Oberkopf	16	Kruppe	28	Vorderfußwurzel
5	Auge	17	Rutenansatz	29	Vorderpfote
6	Behang	18	Rute	30	Brustkorb
7	Genick	19	Oberschenkel	31	Unterbrust
8	Hals	20	Unterschenkel	32	Unterbauch
9	Fang	21	Sprunggelenk	33	Flanke
10	Unterkiefer	22	Hinterpfote	34	Knie
11	Wamme	23	Schultergelenk	35	Ballen
12	Schulter	24	Brustbeinspitze	36	Zehen

Skelett

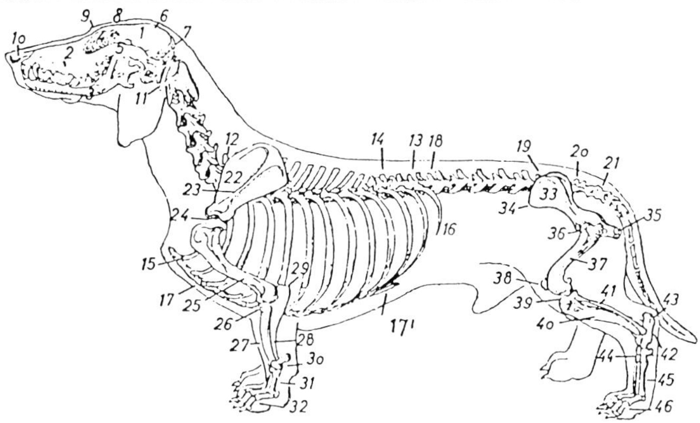

1	Hirnschädel	23	Schulterblattgräte
2	Gesichtsschädel	24	Schultergelenk
3	Unterkiefer	25	Oberarmbein
4	Augengrube	26	Ellbogengelenk
5	Jochbogen	27	Speiche
6	Scheitelleiste	28	Elle
7	Hinterhauptschädel	29	Ellbogenhöcker
8	Stirnhöcker	30	Vorderfußwurzelgelenk
9	Stirnabsatz	31	Vordermittelfußskelett
10	Nasenknorpel	32	Zehenglieder vorn
11	1. Halswirbel	33	Becken
12	Dornfortsatz des 7. Halswirbels	34	Hüfthöcker
		35	Sitzbeinhöcker
13	13. Brustwirbel	36	Hüftgelenk
14	Wechselwirbel	37	Oberschenkelbein
15	1. Rippe	38	Kniescheibe
16	13. Rippe	39	Kniegelenk
17	Brustbein	40	Schienbein
17 '	Schaufelknorpel	41	Wadenbein
18	1. Lendenwirbel	42	Fersenbein
19	Dornfortsatz des 7. Lendenwirbels	43	Fersenbeinhöcker
		44	Hinterfußwurzel oder Sprunggelenk
20	Kreuzbein		
21	1. Rutenwirbel	45	Hintermittelfußskelett
22	Schulterblatt	46	Zehenglieder hinten

Organe (Rüde)

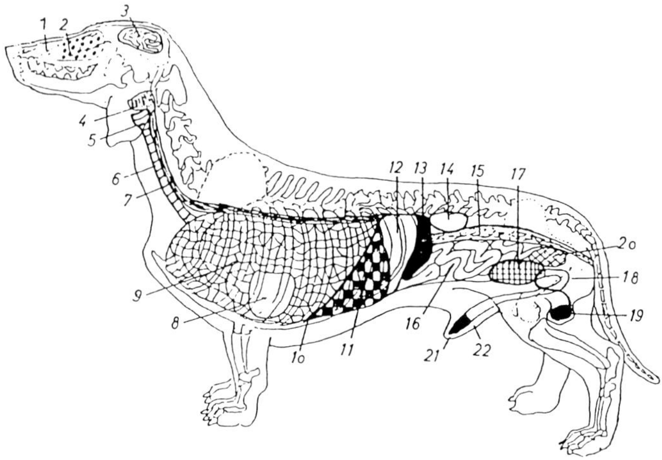

1	**Nasenmuschel**
2	**Riechfeld (punktiert)**
3	**Gehirn**
4	**Zungenbein**
5	**Kehlkopf**
6	**Luftröhre**
7	**Speiseröhre**
8	**Herz**
9	**Lunge (genetzt)**
10	**Zwerchfell**
11	**Leber (gefeldert)**
12	**Magen**
13	**Milz**
14	**Niere**
15	**Mastdarm**
16	**Dünndarm**
17	**Harnblase**
18	**Harnleiter**
19	**Hoden**
20	**Vorsteherdrüse**
21	**Penis**
22	**Vorhautsack**

Gebiß

Das normale Gebiß eines Hundes hat 42 Zähne, und zwar 12 Schneidezähne, 4 Haken- oder Fangzähne und 26 Backenzähne, wobei die Zahl der Backenzähne unterschiedlich sein kann.

Scherengebiß

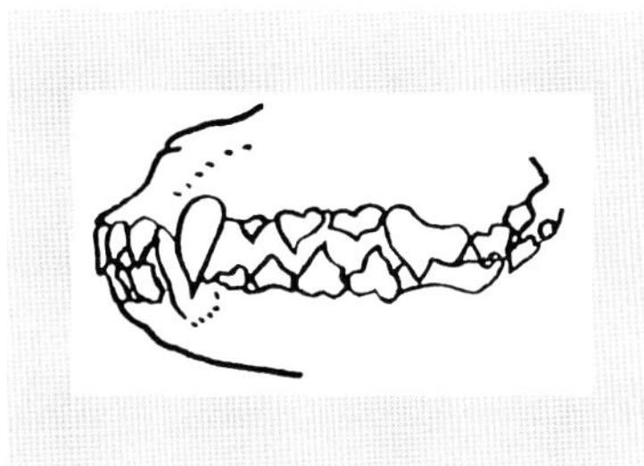

Das Scherengebiß – das ist der Idealzustand. Es handelt sich hier um eine unterschiedliche Winkelstellung der Zähne, das heißt, die Schneidezähne des Unterkiefers sollen eine Kleinigkeit hinter denjenigen des Oberkiefers zu stehen kommen; beide Zahnreihen müssen aber miteinander in Reibung stehen.

Zangengebiß

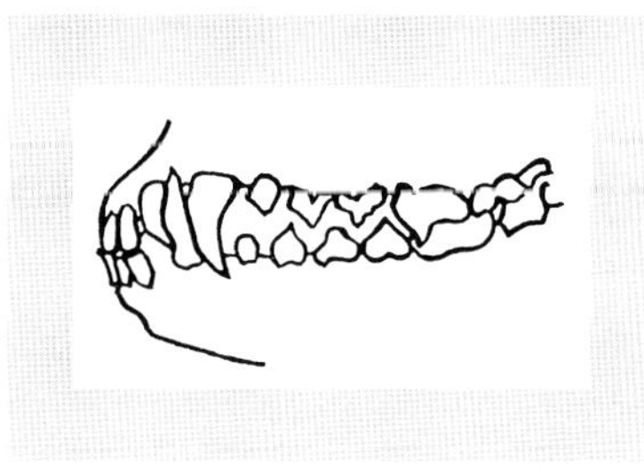

Von einem Zangengebiß spricht man, wenn die Schneidekanten von beiden Schneidezahnreihen genau aufeinander stehen.

Normales Gebiß

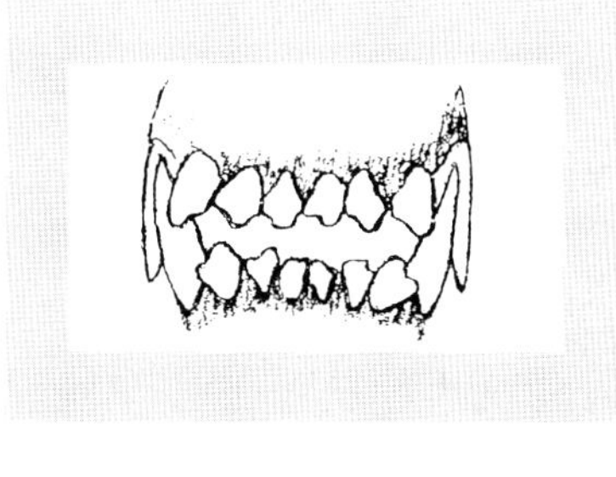

Normales Gebiß, von vorn gesehen.

Rückbiß

Rückbiß, auch: „Überbeißer" – führt unweigerlich zu Zuchtausschluß.

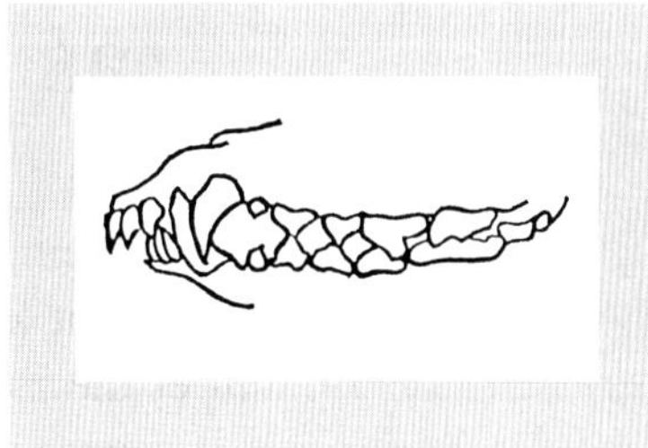

Vorbiß

Vorbiß, auch: „Unterbeißer" – auch das wird zur Zucht nicht zugelassen. Erhält auf keiner Ausstellung oder Zuchtschau einen Formwert.

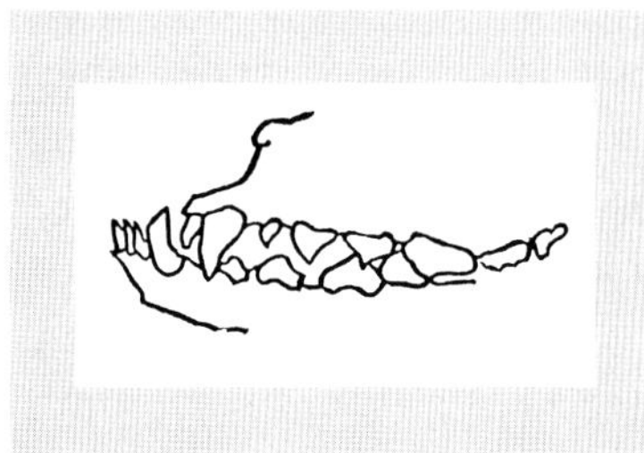

Kreuzgebiß

Kreuzgebiß in Vorderansicht. Beim Kreuzgebiß liegen die Schneidezähne des Unterkiefers auf der einen Seite vor denen des Oberkiefers, auf der anderen Seite hinter den Schneidezähnen des Oberkiefers. – Auch bei dieser Zahnstellung: keine Genehmigung für die Zucht.

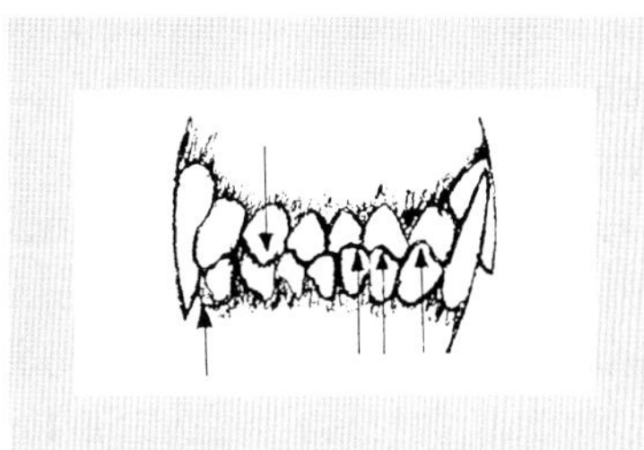

Das Wesen

Der Dackel – er ist und bleibt der Philosoph unter den Hunden. Seine Furchtlosigkeit kennt keine Grenzen, und wie selbstverständlich übernimmt er die Beschützerrolle. Als unsere Tochter auf die Welt kam und unsere Dackelhündin zum ersten Mal das Maunzen des Babys hörte, spitzte sie ihre Lauscher, legte sich sofort vor die Wiege, und jeder, außer meiner Frau und ich, der sich auch nur andeutungsweise näherte, wurde sofort wütend angefahren, und wehe, wenn er gewagt hätte, weiterzugehen! Diese Wachsamkeit unserer Tochter gegenüber sollte für immer bleiben.

Auch bei der jagdlichen Arbeit ist der Dachshund bereit, schwerste Arbeit – etwa im Bau – zu übernehmen, ohne Rücksicht auf sein eigenes Befinden.

Ebenso verhält er sich, wenn man seine Intelligenz prüfen will. Man wird feststellen, daß diese überdurchschnittlich ist, immer vorausgesetzt, man verlangt von ihm etwas, was er als Hund auch begreift und nicht etwas Menschliches. Die Sinne des Dackels sind unheimlich stark ausgeprägt. Ich erinnere mich, wenn ich in die Nähe unseres Wohnhauses kam – gleichgültig, ob mit dem Auto oder zu Fuß –, hatten mich meine Dachshunde immer schon längst bemerkt, ohne daß ich mich auch nur irgendwie zu erkennen gegeben hätte. Stets haben sie mich da mit lautem Geheul begrüßt.

Immer wieder wird der Dackel als „Modehund“ bezeichnet. Auf andere Rassen trifft das sicherlich zu. Der Dackel aber war nie ein Modehund und wird nie einer sein, ganz einfach deshalb, weil er vom Wesen her viel zu sehr Individualist ist, um sich zu so etwas machen zu lassen.

Instinkt und Gedächtnis sind zwei seiner herausragenden Eigenschaften. Dazu kommt aber auch noch seine Feinfühligkeit und Sensibilität. Keiner versteht es wie er, mit seinen Gefühlsausbrüchen, sei es Traurigkeit, Lustigsein oder den Beleidigten zu spielen, seine Mitmenschen um den Finger zu wickeln.

Hat er zum Beispiel irgendwann einmal eine Verletzung erlitten, die ihn zu diesem Zeitpunkt zum Hinken gezwungen hat, so wird er dieses Handicap auch nach der Ausheilung dann noch vortäuschen, wenn es ihm zum Vorteil gereicht. Beispiel: Wenn er etwas ausgefressen hat und weiß, daß er nichts Gutes zu erwarten hat, dann wird er sofort zum Hinken anfangen, um Mitleid zu erregen, im Wissen, daß einen Kranken gewöhnlich kaum Sanktionen treffen.

Er wird immer versuchen, sich ins rechte Licht zu rücken, und wehe, wenn er am Anfang nicht richtig erzogen wurde! Dann wird er nämlich zeitlebens mit der ganzen Familie Schlitten fahren.

Sinne und Intelligenz

Geruchssinn

Unser Dackel lebt in erster Linie mit seiner Nase, das heißt, er erfaßt seine Umwelt fast ausschließlich mit dem Geruchssinn. Gegenüber dem Menschen ist er insofern im Nachteil, weil dieser alles in einer Höhe von rund 175 Zentimetern wahrnehmen kann, unser Dackel dagegen nur in einer Höhe von rund 25 Zentimetern. Und trotzdem ist er dem Menschen mit seinem Riechorgan haushoch überlegen.

Die Nase des Menschen besteht aus drei Muscheln, unser Dackel dagegen hat eine ganze Menge davon. Die Riechfeldfläche des Menschen beträgt nach links und rechts rund 5 Quadratzentimeter, die des Dackels dagegen 75! Noch deutlicher wird es mit den Riechzellen. Der Mensch hat davon etwa 8 Millionen, der Dackel aber 124 Millionen! Entscheidend bei dem Ganzen ist, daß die Riechfähigkeit nicht nur durch die Zahl der Riechzellen, sondern durch die „Riechwelle" – sprich: Duftintensität – hergestellt wird. Jeder kann sich denken, was unser Dackel auf einem Spaziergang so alles an Gerüchen aufnehmen kann.

Ein richtiges Gesundheitsbarometer ist die Nasenkuppe. Ist der Hund gesund, so fühlt sich seine Nase kühl und feucht an. Beim geringsten Unwohlsein wird sie lauwarm, bei Krankheit warm, und wenn der Hund Fieber hat, dann wird die Nasenkuppe rissig und trocken.

Gesichtssinn

Durch die seitliche Stellung der Augen gewinnt unser Hund eine Vergrößerung des Gesichtswinkels um 30 bis 50 Prozent. Außerdem reicht das Blickfeld nach hinten, wodurch alle Bewegungen besser erfaßt werden können.

Im Erkennen von Gegenständen in der Ferne befindet sich der Hund im Vergleich zum Menschen im Nachteil. Hinzu kommt noch der geringe Abstand vom Boden. Wer sich dieser Dackelperspektive bewußt ist, den wird es auch nicht wundern, wenn manchmal ein Dackel seinen Herrn nicht auf Anhieb auf Entfernung erkennt, wenn ihm nur die Optik zur Verfügung steht.

Gehörsinn

Ein Dackel nimmt auch noch Schwingungen wahr (30.000 pro Sekunde), die außerhalb jeder menschlichen Hörgrenze liegen. Damit ist erklärt, warum unser Hund gut die für Menschenohren lautlose Hundepfeife hört.

Tast- und Geschmackssinn

Der Tastsinn ist sehr ausgeprägt, und zwar an Lippen, Zunge, Nasenspiegel und Pfotenballen, außerdem an den Spürhaaren des Kopfes und den längsten Fellhaaren, den sogenannten Leithaaren.

Über den Geschmackssinn sind sich die Experten noch nicht ganz einig, er dürfte aber den des Menschen nicht erreichen.

Auch bezüglich des Schmerz-, Zeit- und Temperaturempfindens sind noch manche Fragen offen.

Erstaunlich sind jedenfalls immer wieder die Fernorientierung und das Heimkehrvermögen. Über beides kann man sich als Mensch nur wundern.

Zwerg-Langhaar-Hündin (Schwarztiger): nicht nur lieb sind die Augen, sondern sie beobachten auch ganz ausgezeichnet.

Denkvermögen

Über das Denkvermögen gehen die Meinungen weit auseinander. Der Hund hat zweifellos ein Gedächtnis, und er hat auch Einfälle, sprich: Gedanken. Ihn unterstützt dabei fraglos seine ausgezeichnete Beobachtungsgabe. Dabei hilft auch das enge Zusammenleben mit dem Menschen. Weil der Hund uns Menschen in unserem Tun dauernd beobachtet, kann der Eindruck entstehen, daß er „jedes Wort versteht", aber so ist es auch wieder nicht.

Es ist aber durchaus so, daß der Dackel selbst die feinsten Unterschiede in der Bewegung und Haltung eines Körperteiles genauestens registriert und daraus seine Schlüsse zieht. Sicher ist, daß er auch die kleinsten Bewegungen des Menschen wahrnimmt, welche vielleicht nicht einmal uns selbst zu Bewußtsein kommen.

Die Ernährung

Für den Dackelbesitzer, der seinen Hund möglichst gesund und lang am Leben erhalten möchte, ergibt es sich von selbst, daß er beim Futter nicht spart.

Zugegeben, die auf dem Markt befindlichen Dosen- sowie Fertigfutter sind im großen und ganzen ausgezeichnet, aber auch hier gibt es bei den Herstellern Schwarze Schafe. Natürlich ist es auch das Bequemste, tagaus, tagein nur eine Dose aufzumachen und den Hund damit abzufüttern. Trotzdem aber tut es dem Vierbeiner gut, wenn er ab und zu einmal rohes Fleisch bekommt, gekochte Innereien vom Rind und Blättermagen, vermischt mit einem Löffel Topfen, hin und wieder mit einem Ei und Gemüse aller Art als Zusatz.

Süßigkeiten sollten gänzlich vermieden werden. Bietet man diese seinem Hund schon von Anfang an gar nicht an, dann hat er auch kein Verlangen danach.

Auch das Verfüttern von Knochen, als reines Futter, sollte vermieden werden. Ab und zu ein Kalbsknochen, wenn möglich vom Halsgrat, ist für jeden Dackel eine echte Delikatesse. In Frage kommen Knochen aber nur bei Hunden in den besten Jahren. Im Alter können Knochen erhebliche Darmstörungen hervorrufen.

Unter Jägern gilt der Spruch: Der Hundeführer hat fünf Jahre einen jungen, fünf Jahre einen guten und fünf Jahre einen alten Hund. Den guten Hund aber hat man nur dann, wenn der Dackel nicht überfüttert wird. Als tägliche Gesamtfuttermenge sollte – immer im Hinblick auf eine Lebensverlängerung – die Hälfte von dem gefüttert werden, was der Hund freiwillig bis zu seiner völligen Sättigung fressen würde. Der Versuch, den Hund sich einmal richtig vollfressen zu lassen, muß also einmal gemacht werden, um die richtige Futterration zu ermitteln. Aber Vorsicht: Gerade Hündinnen fressen, bis sie buchstäblich platzen. Man sagt: Der Idealzustand ist ein immer leicht hungriger Hund. Nur so kann er seine Leistungsfähigkeit erhalten und das Leben verlängert werden; von einer guten Figur einmal ganz abgesehen...

Gefüttert werden sollte beim ausgewachsenen Hund nur einmal am Tag, und das am Vormittag. Wenn der Hund mit dem Fressen fertig ist, sollte die Schüssel mit dem Rest weggeräumt werden. Im Gegensatz dazu muß aber die Wasserschüssel ständig, mit frischem Wasser gefüllt, zur Verfügung stehen.

Erziehung und Haltung

Zuerst einmal soll mit der Behauptung aufgeräumt werden, daß unser Dackel nicht zu erziehen, daß er störrisch und was weiß ich noch alles sei. Schwer zu erziehende Hunde gibt es bei allen Rassen, und es liegt letzten Endes am Hundehalter selbst, was er aus seinem vierbeinigen Freund macht. Zugegeben, ein Dackel braucht schon eine sichere Hand, er ist eben ein Hund mit Charakter, und trotzdem gehört ein Grundstock an Gehorsam dazu, über wirkliches Abrichten soll später gesprochen werden. Es gibt nichts Schlimmeres als so einen Vierbeiner, der an der Leine hängt und seine Hausgenossen durch die Gegend zieht. Also, Leinenführigkeit und „Sitz" muß er können, sonst haben beide, Hundehalter und Hund, keine rechte Freude aneinander.

Auch der Dackel durchläuft eine Entwicklungsperiode, die von der Geburt bis vorerst einmal zur Geschlechtsreife geht. Dabei sind die ersten Eindrücke, die der Welpe oder der Junghund mitbekommt, entscheidend für sein weiteres Leben, denn die bleiben für immer hängen. Schon im Welpenalter und noch mehr in der Junghundzeit kann der Hund restlos verdorben werden. Der Welpe sollte im Alter von acht Wochen zu seinem neuen Besitzer kommen. Durch das Loslösen von seiner Mutter und seinen Geschwistern wird er sich sofort seinem neuen Herrn anschließen, denn das Loslösen bedeutet für den kleinen Kerl vorerst einmal eine Katastrophe. Er hat ja schon einige Lebensphasen durchlaufen. Die erste ist die Zeit von der Geburt bis zur zweiten Woche, also bis zu der Zeit, in der er zu sehen beginnt; da ist die Mutter alles. Als nächstes kommt die Periode nach dem Öffnen der Augen, es ist der Zeitraum einer starken Reifung des Bewegungsapparates, denn da beginnt das Gekrappel. Es werden in dieser Zeit auch die Sinne entwickelt, der Welpe nimmt Geräusche wahr, und auch in der Bildung der Milchzähne tut sich schon etwas.

Ungefähr von der vierten bis zur achten Woche erfolgt bereits die Eingliederung in die Gemeinschaft. Ab diesem Zeitraum nimmt auch das bisher unterentwickelte Gehirn alles auf, was um den Welpen herum vor sich geht. Er merkt in jedem Fall, daß es noch andere Dinge als die Zitzen seiner Mutter gibt. Ab der vierten Woche zeigt unser Dachshund auch schon „Charakter", und es ist gut, wenn man sich jetzt bereits um den Welpen kümmert und mit ihm spielt. Einem Dackel kann man durchaus schon sehr früh einige Dinge beibringen.

Eine weitere Entwicklungsstufe ist dann die Zeit vom Junghundealter bis zur Geschlechtsreife. In diesen Zeitraum fällt dann auch die Ausbildung zum brauchbaren Jagdhund, aber darüber soll später gesprochen werden, wie überhaupt über seine Erziehung, die anfängt mit der Stubenreinheit.

Zuvor aber soll unser kleiner Dackel die Jugend genießen. Bevor nämlich mit dem Gehorsam angefangen wird, braucht unser kleiner Freund zuerst einmal ein großes Herz und eine gesunde Lunge, und die bekommt er nur, wenn wir ihm in seiner Jugend seine Freiheit lassen und selbst mit ihm kräftig herumtoben.

Ausstellungen

Englische Hundefreunde sind es gewesen, die um die Mitte des 19. Jahrhunderts die erste Hundeschau veranstalteten. Bereits im Jahr 1863 eiferten Züchter in Hamburg den Engländern nach und organisierten eine mehrtägige Ausstellung.

Nach dem Zusammenschluß von mehreren Rassezuchtverbänden im Jahr 1906 kam endlich so etwas wie Ordnung in die Ausstellungen, und gleichzeitig wurde den wilden Zuchten Einhalt geboten. Erste Ausstellungsrichtlinien wurden ausgearbeitet, und erstmals mußte sich ein Hundebesitzer anmelden, wenn er zu einer Ausstellung wollte. Man erstellte Kataloge, und es durfte kein Hund gerichtet und erst recht nicht prämiiert werden, der nicht im Katalog aufgezeigt war.

Man unterscheidet zwischen Zuchtschauen, nationalen und internationalen Ausstellungen. Danach richtet sich auch die Vergabe der einzelnen Titel.

Heute können Dackelfreunde, die Zeit und Muße haben, praktisch das ganze Jahr über Ausstellungen besuchen. Und tatsächlich soll es Menschen geben, die versäumen keine Schau, und sie melden ihre Vierbeiner überall. Andere wiederum, die hassen derartige Ausstellungen wie die Pest.

Die meisten Aussteller und Besucher suchen den Gedankenaustausch mit anderen Züchtern und Hundebesitzern, welche mit Sicherheit aus anderen Gegenden des Landes, ja sogar aus anderen Ländern kommen. Gerade für Züchter ergeben sich dabei viele Anregungen, und es wurde schon sehr oft der eine oder andere gute Zuchtrüde ausgeschaut. Die kennt man ja meistens nur von Fotos, und es ist oft erstaunlich, wenn man so einen Rüden in einem Zwinger gesehen hat, und dann entdeckt man ihn wieder, aufgemotzt, auf einer Ausstellung.

Warum Ausstellungen?

Gleichgültig, ob national oder international, Ausstellungen sind immer Brennpunkte für Züchter und Liebhaber, und somit auch für die Kynologie. Ein Züchter kann durch die Zurschaustellung seines Dackels ein Bild über den Leistungsstandard seiner Zucht bekommen. Außerdem hat er die Möglichkeit, fremdes Zuchtmaterial zu begutachten, und er kann sich, was sehr wichtig ist, mit Gleichgesinnten über alle Dackelfragen unterhalten. Mancher Züchter, der nur in den eigenen Zwinger schaut, verliert mit der Zeit den Überblick und auch das Maß. Es besteht daher die Gefahr, daß er, aus Mangel an Vergleichbarem, immer nur die eigenen Dackel für die schönsten hält. Im Interesse der Zucht ist daher der Besuch einer Ausstellung unbedingt zu empfehlen, da bei diesen Veranstaltungen echte Vergleiche möglich werden.

Zwei Ausstellungs-Vollprofis.
Ausstellungen sind Gelegenheiten zum Vergleich.

Jeder Aussteller sollte sich einige Grundsätze merken, die für eine Ausstellung in jedem Fall zu beachten sind. Diese Grundsätze sind an späterer Stelle niedergeschrieben. Außerdem sind Ausstellungen Gelegenheiten, andere Länder und andere Menschen kennenzulernen. Wer allerdings mit dem Ehrgeiz zu einer Ausstellung fährt, daß nur Siege zählen, der sollte besser zu Hause bleiben.

Vorbereitung auf den Ausstellungsring

Zu einer Ringdressur gehört in erster Linie die Leinenführigkeit. Weiterhin, daß der Hund gut gepflegt zur Ausstellung gebracht wird und daß er sich gut zeigt. Es kann dabei vorkommen, daß eine Ausstellung gerade in eine Haarungsperiode fällt. Darüber braucht sich der Aussteller keine Sorgen zu machen, denn ein gewissenhafter Richter wird sofort erkennen, ob der Dackel diese Periode gerade durchläuft oder ob er tatsächlich ungepflegt ist.

Es steht außer Frage, daß sich die Aussteller große Mühe geben, ihren Vierbeiner gewissenhaft für eine Ausstellung vorzubereiten. Es gibt allerdings auch welche, die sind der Meinung: hingehen, Preise kassieren und dann hat es sich; diese Aussteller werden nichts erreichen.

Es muß also auch für die Ausstellung geübt werden. Der Hund muß eine gewisse Ruhe (Wesensfestigkeit) mitbringen. Die kann man ihm allerdings nicht antrainieren, die muß angeboren sein. Der Dackel muß vorher schon dazu gebracht werden, daß er das Maul aufzumachen hat, damit der Richter die Zähne begutachten kann. Es muß der Hund vor einer Ausstellung auch dazu gebracht werden, daß er, wenn viele Artgenossen um ihn herum sind, nicht gleich die Rute zwischen die Beine klemmt und abzuhauen versucht. Es gibt nichts Schlimmeres als einen Ausstellungshund, der vor lauter Angst ständig um sich beißt.

Diese Kategorie von Hund wird sich einem Richter niemals vorteilhaft zeigen, entsprechend fällt dann auch die Bewertung aus.

Es gibt aber auch eine andere Sorte Dackel, die sich um überhaupt nichts kümmern und sich für alles Mögliche interessieren, nur nicht für den Ausstellungsring. Wie oft habe ich schon verzweifelte Dackelbesitzer gesehen, die ihren streikenden Vierbeiner mit allen möglichen und unmöglichen Tricks wieder auf Vordermann bringen wollten. In den meisten Fällen trugen diese Kandidaten nur zur Erheiterung des verehrten Publikums bei.

Das richtige Maß von Aufmunterung oder auch Beruhigung zu finden, ist nicht immer leicht, es liegt alleine am Geschick des Hundebesitzers. Wie bereits erwähnt, muß der Dackel eine gewisse Ruhe mitbringen, und die kann man erreichen, wenn der Hundebesitzer lange und sehr oft – vor der Ausstellung – mit seinem Vierbeiner unter Menschen geht, das heißt, man sollte den Dachshund an den Einfluß der Umwelt gewöhnen, und da ist der Stadtlärm gerade der richtige.

Es gibt Aussteller, die bauen ihren Vierbeiner regelrecht vor dem Richter auf. Da wird die Rute richtig gestellt und jeder Lauf genau ausgerichtet, und das finde ich ein wenig übertrieben. Ein vernünftiges Eingehen auf den Hund, Leinenführigkeit und ein gewisser Gehorsam genügen meines Erachtens, um mit guten Ausstellungsergebnissen nach Hause gehen zu können.

Methoden, einen Dackel zu richten

Ganz Kluge haben einmal gesagt: Alles Schöne ist relativ. Genau wie bei uns Menschen kann auch die Schönheit beim Dackel unterschiedlich ausgelegt werden. Was ich damit sagen will? Der Ausstellungsrichter, der einen Hund bei einer Ausstellung begutachtet, sollte sich einzig und allein an das halten, was er sieht. Seinen persönlichen Geschmack sollte er hinten anstellen. Aber, wie überall, es „menschelt“ halt auch da.

Tigerdackel bei der Nabelbeschau durch einen Richter.

Ein Richter hat eine gewisse Macht. Wenn er also einen Hund zum Sieger erklärt oder er richtet ihn herunter, so trägt er in gewissem Maße dazu bei, wie in Zukunft der Standard einer Hunderasse aussehen wird.

Der eine Richter liebt lange und schmale Köpfe und einen leichten Körper. Der andere wieder bevorzugt muskelbepackte Hunde. Wie gesagt, Schönheit war schon immer ein relativer Begriff, und darin zeigt sich schon die Problematik eines Richterurteils. Selbstverständlich muß auch ein noch so guter Richter im Laufe der Jahre seine Erfahrungen sammeln, und zwar nur anhand von umfangreichem Beobachtungsmaterial.

Wie oft sieht man, daß Schönheitsrichter irgendwelche Fehler an dem ausgestellten Hund suchen, und dabei sollte man Fehler sehen und nicht suchen. Ein starker Richter richtet immer nach Qualität, auch dazu gehört Mut, und ein schwacher Richter sucht immer nach Fehlern, und er richtet auch danach, und vor lauter Suchen übersieht er die Vorzüge des ausgestellten Hundes.

Das alles sollte einen Erstlingsaussteller nicht daran hindern, zusammen mit seinem Dackel zu einer Ausstellung zu gehen, denn Richter sind auch nur Menschen, und das führt uns zum ersten von zehn Geboten für Aussteller:

Zehn Gebote für Aussteller

1. Denke immer daran, daß Richter auch nur Menschen sind, auch sie können Fehler machen. Es ist dein gutes Recht, den Richter zu fragen, warum dein Hund nur diese oder jene Bewertung bekommen hat, wenn du der Meinung bist, er habe dich benachteiligt. Wenn dein Hund „vorzüglich" bekommen hat oder gar Ausstellungssieger geworden ist, dann wirst du ohnehin nicht fragen wollen.

2. Präsentiere deinen Hund in einem gut gepflegten Zustand, und denke immer daran, daß das Gebiß deines Dackels ein wesentlicher Bestandteil der Beurteilung sein wird. Sorge also dafür, daß der Richter dieses Gebiß auch sehen kann.

3. Das Vorführen eines Dackels sollte weder ein Dauerlauf sein, noch einem Leichenzug gleichen. Ein gutes Mittelmaß an Tempo ist das Richtige. Wenn du etwas flotter gehst, wird auch dein Dackel schneller und dadurch besser im Gangwerk.

4. Zeige im Ring die Vorzüge deines Dachshundes, indem du ihn richtig hinstellst. Unterlasse Kunstgriffe, indem du den Hund zu „strecken" oder „aufzuhängen" versuchst.

5. Denke daran, daß die Anweisungen der Ausstellungsleitung oder der Sonderrichter stets zu befolgen sind. Keiner der Funktionäre hat Freude mit dir, wenn er dich, wenn du an der Reihe bist, überall suchen muß. Lasse dich aber auch nicht von übereifrigen Funktionären schikanieren.

6. Denke daran, daß dein Dackel in die Box gehört, denn die Ausstellungsbesucher haben dafür bezahlt, ihn ansehen zu können. Es gibt nichts Schlimmeres als reihenweise leere Boxen. Der Ausstellungshund gehört bis zum Schluß der Ausstellung dazu. Versuche also nicht, deinen Vierbeiner vor Ausstellungsschluß vom Gelände zu bringen. Wenn es dir, mit allerlei Tricks, gelungen ist, vorzeitig abzuhauen, dann hast du Glück gehabt.

7. Melde deinen Hund so rechtzeitig zu einer Ausstellung, daß du auch die Gewähr hast, daß er noch angenommen wird.

8. Denke daran, daß du zur Ausstellung alle wichtigen Papiere mitgenommen hast, wie Ahnentafel, Impfzeugnis usw.

9. Vergiß nicht, einen Kamm oder eine Bürste, einen Wassernapf – einen Futternapf bekommst du von den anwesenden Futtermittelherstellern geschenkt – und eine Unterlage mitzunehmen, auf die sich dein Dackel legen kann.

10. Eine Entscheidung des Richters über Formwert und Plazierung ist verbindlich. Solltest du also wider Erwarten eine schlechtere Benotung für deinen Dackel erhalten haben, und das ist in den meisten Fällen so, denn wer hat nicht den schönsten Hund?, dann kannst du zwar im Geist den Richter zum Teufel wünschen; meckere aber trotzdem nicht laut, sei ein fairer Aussteller und verlasse hoch erhobenen Hauptes den Ring. – Zu Hause kannst du dir deinen Vierbeiner noch einmal in Ruhe ansehen: vielleicht hatte der Richter doch recht?

Gute Nase, in jeder Hinsicht, oder?
(Kurzhaar-Dackel-Hündin)

Der Dachshund als Jagdgebrauchshund

Wenn man alte Jagdbücher oder alte Jagdzeitschriften durchsieht, dann sieht man immer wieder Förster mit einem riesigen Vollbart, oft begleitet von einem Dackel. Viele dieser Forstleute wählten ihren Beruf aus Idealismus und aus Liebe zur Natur, des Verdienstes wegen ganz sicher nicht, denn der war meist so gering, daß es nicht einmal zum Leben reichte. Eine Möglichkeit, die wirtschaftliche Lage etwas zu verbessern, war die Bejagung von Haarraubwild, dessen Bälge sehr gute Erlöse brachten. Um das Raubwild richtig bejagen zu können, mußte man einen geeigneten Hund haben, ganz besonders für die Jagd unter der Erde. Unser Dackel war in der damaligen Zeit ohne Konkurrenz.

Seine gute Nase und die Kurzläufigkeit prädestinierten ihn geradezu für die Schweißarbeit, und aufgrund seiner Schärfe ist er für Drückjagden durch dichtes Gestrüpp bestens geeignet, auch auf Schwarzwild.

Ganz groß ist er im Stöbern auf Hase und Karnickel, auch diese Domäne verdankt er seiner guten Nase und seiner Kurzläufigkeit. Das Kanin oder der Hase kommen nicht im wilden Tempo aus der Dickung, sondern gemächlich, weil sie unseren kleinen Gefährten nicht als gefährlich einstufen. Der Jäger kommt da meistens zu Schuß.

So war es nicht verwunderlich, daß in grauer Vorzeit und in nicht allzu weit zurückliegender Vergangenheit das Hauptaugenmerk bei der Zucht auf eine gute Nase und auf Schärfe gelegt wurde. Diese Eigenschaften werden bis zum heutigen Tag von Jägern, die mit dem Dackel arbeiten, hoch geschätzt, denn diese beiden Veranlagungen sind der Garant für jagdliche Erfolge.

Nicht so sehr der verhältnismäßig eng begrenzte und doch auch wieder weit gesteckte Aufgabenkreis des Dachshundes –

Was der Jäger dem Dackel beibringen kann:

1. Stubenreinheit
2. Leinenführigkeit und „Gehen frei bei Fuß“
3. Sitzen und Ablegen
4. Apportieren
5. Totverweisen oder Totverbellen

er leistet auch einiges im Wasser – macht ihn zum Spezialisten. Für einen Jäger, der ein Wald- und Feldrevier sein eigen nennt, ist er der ideale Zweithund, wenn man einen anderen zum Vorstehen braucht. Für ein reines Waldrevier genügt ein Dackel vollkommen.

Gar mancher war und ist der Meinung, daß er es sich ersparen könne, einem Dachshund die richtige jagdliche Ausbildung angedeihen zu lassen, schon allein aus dem Glauben, der Dackel sei wegen seiner Eigenwilligkeit nicht abrichtefähig. Dieses unsinnige Vorurteil verleitet auch heute noch Jäger zu der Meinung, mit dem Dachshund nichts tun zu müssen, so ungefähr nach dem Motto: Entweder er kann's oder er kann's nicht. Diese Meinung ist grundfalsch, denn jeder wird nach ganz kurzer Zeit merken, daß es kaum einen gelehrigeren Schüler gibt als den Dackel.

Aufgrund seines Wesens wird er naturgemäß sehr schnell der Liebling der ganzen Familie, sei es wegen seiner Drolligkeit oder wegen seiner Schlitzohrigkeit oder wegen seiner außergewöhnlichen Liebe zu Kindern. Das sind die Gründe, die eine Abrichtung erheblich erschweren.

Folgende Grundsätze sollten innerhalb der Familie gelten: zunächst ein freies Welpen- und Spielalter, in der Jugend dann das Spielen reduzieren und etwas arbeiten, und dann langsam aber sicher hört sich das Spielen auf, und die harte Arbeit beginnt.

Welche Veranlagung ein Dackel haben muß, um ein guter Jagdgebrauchshund zu werden:

1. eine gute Nase
2. einen lockeren Hals
3. Wesensfestigkeit
4. Schärfe
5. Spurwille und Spursicherheit

Besonders für den Stadtjäger ist der Dachshund – aufgrund der räumlichen Gegebenheiten – ein idealer Hund, denn: Immer noch besser ein gut abgerichteter Dackel als gar keinen Hund!

Dackel lieben Kinder. Kinder lieben Dackel.
(Rauhhaar-Dackel-Welpen, zehn Wochen alt)

Stubenreinheit

Einem Welpen oder Junghund, den man am Anfang nicht ständig unter Kontrolle hat, kann man praktisch nicht Stubenreinheit beibringen. Es gibt allerdings auch „Naturtalente“, die werden stubenrein, ohne daß der Abrichter viel dazu tut. Auch bei unserem Dackel ist das nicht anders.

In der ersten Zeit hält die Hündin alles sauber, sie verschlingt alles, was an Kot und Urin von den Welpen anfällt. Ist der Welpe aber erst einmal in der Lage, auch nur ein kleines Stück von seinem Lager wegzukriechen, so wird er sein Geschäft schon nicht mehr an seiner Schlafstelle verrichten. Einige Wochen später wird der Welpe seine Wurfkiste – seinen eigentlichen Lagerplatz – nicht mehr verschmutzen.

Es kommt dann die Zeit, und zwar sobald wir den Welpen vom Züchter übernommen haben, in der wir den Welpen, besonders wenn er aufwacht, ansonsten alle ein bis zwei Stunden, ins Freie tragen, um ihn an einen bestimmten Platz zu bringen. Das gilt auch, wenn er gefressen hat. Es ist ratsam, in der ersten Zeit den Kot dort liegen zu lassen, denn der Welpe erkennt sehr schnell, was er machen soll, und er wird dann immer wieder dieselbe Stelle benutzen.

Schon nach sehr kurzer Zeit und intensiver Beobachtung werden wir am Verhalten des Welpen erkennen, wenn er hinaus muß. Natürlich sind nicht alle Welpen gleich, der eine hat eine fast angeborene Stubenreinheit, ein anderer dagegen ist nur sehr schwer zu erziehen. Auf jeden Fall ist darauf zu achten, sollte doch einmal im Zimmer etwas passiert sein, daß die Stelle, an der sich der Welpe gelöst hat, peinlichst sauber gemacht wird, denn jeder Welpe geht mit hundertprozentiger Sicherheit wieder an diesen Platz, und die ganze bisherige Erziehung ist beim Teufel.

Es gibt allerdings auch ausgewachsene Dackel, man könnte meinen, die machen so etwas aus Bosheit, die verrichten ihr

Großes Geschäft zwar in der Natur, das Kleine aber grundsätzlich an einer Sofaecke oder an etwas anderem im Zimmer. Besonders unter den Rüden finden sich solche Übeltäter. Einen Welpen, der sich im Zimmer gelöst hat, zu schimpfen, ist völlig sinnlos, selbst wenn man ihn auf frischer Tat ertappt hat. Denn ihm fehlt in diesem Alter noch jeglicher Sinn für die Zusammenhänge. Bei einem ausgewachsenen Dackel liegen die Dinge etwas anders, denn dieser weiß sehr wohl, wenn er erwischt wird, was er da angestellt hat. Ihn mit der Nase hineinzutupfen, wie es oft gemacht wird, hat keinen Zweck; ein leichter Hieb mit einer Gerte – niemals mit der Hand, um den Hund nicht handscheu zu machen – wirkt Wunder!

Ein anderer Fehler darf auch nicht gemacht werden: den Welpen, der bekanntlich drei Mal am Tag gefüttert werden muß, so gegen Mittag herum mit dem Futter kurz zu halten, damit er in der Nacht durchhält. Mit dem Durchhalten wird es ohnehin nichts, und die Methode insgesamt führt nur zu einer falschen Ernährung.

Bei konsequenter Haltung seines Herrn wird der Welpe sehr schnell stubenrein werden. „Viel Aufmerksamkeit“, heißt dabei die Devise, und: „Ohne Fleiß, kein Preis“. Auf keinen Fall aber darf die Erziehung zur Stubenreinheit zu einer Art Tierquälerei ausarten.

Leinenführigkeit

Leinenführigkeit ist ein wichtiges Thema für jeden Dackelfreund, gleichgültig, ob der Jagdgebrauch, der „normale Alltag“ oder Zuchtschauen und Hundeausstellungen im Vordergrund stehen. Denn es gibt nichts Schlimmeres, als wenn man mit ansehen muß, wie unser Dackel ewig an der Leine zerrt, der Hals wird ihm zugeschnürt, die Zunge hängt ihm bis zum Boden, und mit der Zeit sind Herr und Hund fix und fertig. Deshalb soll

Für jeden Hund Pflicht: Leinenführigkeit.
Nicht einmal beim Dackel ist die Gewöhnung an die Leine ein Problem.

dieser Teil der Grundausbildung gleich am Anfang behandelt werden.

Unter Leinenführigkeit verstehen wir, wenn der Dackel an lose hängender Leine auf der linken Seite in Höhe des Fußes folgt, ohne vorzuprellen, zu zerren oder seitlich auszuscheren. Der Hund muß sich seinem Herrn immer anpassen, ganz gleich, ob dieser langsam oder schnell geht.

Die Arbeit an der Leinenführigkeit beginnt schon mit dem Anlegen eines kleinen Halsbandes im Welpenalter mit etwa 8 bis 10 Wochen. In der ersten Zeit wird der kleine Wicht kratzen und winseln, aber schon nach wenigen Stunden hat er sich an sein erstes Halsband gewöhnt, es ist bald kein Fremdkörper mehr. Entscheidend ist auch, daß der Welpe schon sehr früh mit seinem Namen gerufen wird. Hat er sich erst einmal an das Halsband gewöhnt, dann kann mit dem Anlegen einer „Leine“ begonnen werden. Diese „Leine“ besteht vorerst aus einem Stück Schnur, das lose auf dem Boden liegt. Die Leine, die am Halsband befestigt ist, wird von Zeit zu Zeit ergriffen, damit der Dackel merkt, daß er „angehängt“ ist. Bei gleichzeitigem Locken und unter ganz leichtem Zwang wird der Welpe dann herangeholt. Haben wir das geschafft, dann darf es natürlich an Liebkosungen und einer Belohnung nicht fehlen.

Die Gewöhnung an die Leine geht sehr schnell vor sich, wenn nicht zuviel Druck ausgeübt wird. Üben und loben, üben und loben und nochmals üben und loben, das sind, wie immer, die Zauberworte. Wird zudem noch alles vermieden, was den jungen Hund ängstlich machen könnte, so wird man sich wundern, wie schnell man einen leinenführigen Hund hat.

Hat der Hund sich erst einmal an die Leine gewöhnt, so werden wir feststellen, daß er sich, wenn er nur die Leine sieht, richtig freut, denn er weiß, daß es nun in den Wald oder zum Spazieren geht.

Sollte der Dackel aus irgendeinem Grund einmal bestraft werden müssen, so darf dies niemals durch Schläge mit der Leine geschehen. Der noch sehr junge Dachshund, der mit dem Anblick der Leine nur schöne Spaziergänge verbindet, wird durch tägliche zwanglose Übungen fast von allein leinenführig.

Sollte er, trotz des Kommandos *„Fuß!“* immer noch vorprellen, dann genügt ein Zweig, an dessen Spitze noch ein paar Blätter vorhanden sind. Mit diesem Zweig den Hund leicht auf die Nase tupfen – nicht schlagen! – und er wird sofort zurückgehen.

Nun noch ein paar Worte zu einem der unsinnigsten Geräte, das auf dem Hundesektor je angeboten worden ist: die Roll-Leine. Da steht das Frauchen vor dem Geschäft und unterhält sich mit der Nachbarin, die sie gerade getroffen hat. Der Hund hängt „angeleint“ an der 6 Meter langen Ausziehleine und wird gerade von einem Auto überfahren, weil er trotz „angeleint“ mitten auf der Straße gestanden ist. Mit einer solchen „Leine“ hat keiner seinen Hund im „Griff“, und auch von Leinenführigkeit kann keine Rede sein, weil der Hund trotzdem machen kann, was er will.

Ablegen oder „Down“

Die wohl schwierigste aber zugleich wichtigste Gehorsamsübung ist das Ablegen oder, um das englische Wort zu gebrauchen, „Down“. Wenn unser Dachshund dieses Kommando beherrscht, dann sind ihm alle anderen Gehorsamsbegriffe leichter beizubringen und, was sehr wichtig ist: die Voraussetzung für die Schußruhe ist geschaffen.

Wie soll nun dem jungen Dackel das Ablegen beigebracht werden? Zuerst einmal wird in einem geschlossenen Raum begonnen, damit unser kleiner Freund nicht ausbüchsen kann und nicht von anderen Umwelteinflüssen abgelenkt wird. Ratsam ist es, mit dem Kommando *„Down!“* auch einen Pfiff aus einer Trillerpfeife ertönen zu lassen. In der ersten Zeit soll mit dem Hund nur im angeleinten Zustand geübt werden. Diese Methode ist wichtig, denn sie nimmt ihm jede Ausweichmöglichkeit. Gleichzeitig mit dem Kommando muß auch die Hand gehoben werden. Dieses Handzeichen ist deshalb von entscheidender Bedeutung, weil der Hund ja später nur noch auf dieses Sichtzeichen „down“ gehen soll. Es gibt nichts Schlimmeres, als wenn im Wald oder bei Treibjagden dauernd sämtliche Trillerpfeifen in Betrieb sind. Das hört sich dann an, als sei man auf einem Rangierbahnhof. Aus diesem Grund habe ich einmal versucht, einen Junghund ganz ohne Trillerpfeife abzurichten; es ist mir nicht ganz gelungen. Der durchdringende Pfiff muß auf das Gehör des Hundes eine unheimlich starke Wirkung haben.

Der junge Dachshund wird sich am Anfang weigern, auf das Kommando *„Down!“* in die von uns gewünschte Downlage zu gehen. Dem kann nachgeholfen werden, indem die Leine unter dem rechten Schuh durchgezogen wird, und zwar zwischen dem Absatz und dem Vorderteil. Gleichzeitig mit dem Kommando und dem Pfiff zieht der Abrichter mit der rechten Hand an der Leine, und der Dackel wird dadurch gezwungen, niederzugehen.

Diese Übung muß täglich mehrmals wiederholt werden. Bei ganz hartnäckigen Lehrlingen muß ab und zu nachgeholfen werden. Hier leistet wieder der Zweig mit den Blättern an der Spitze gute Dienste. Ein leichter Streich mit dem Zweig auf die Kruppe wirkt Wunder, denn durch die raschelnden Blätter erschrickt der Hund, und er wird seinem Herrn folgen.

Erst wenn die Übung an der Leine gut sitzt, wird der Dachshund abgeleint, und das Ganze Tag für Tag, ohne Leine, im Raum wiederholt. Ist sich der Abrichter sicher, daß der Hund das Kommando verstanden hat, dann kann er mit dieser Übung im Freien weitermachen, zuerst wieder angeleint, denn sonst kann es passieren, daß unser Freund auf und davon geht.

Sitzt erst einmal das Kommando *„Down!“*, dann ist die Übung *„Platz!“*, bei der unser Dackel sitzen muß, ein Kinderspiel.

Zu Hause wird *„Platz!“* auch dann verwendet, wenn unser Hund zu seiner Liegestatt gehen und sich niedertun soll. In dieses Lager habe ich ein Tuch ausgebreitet, das ich bei den ersten Reviergängen auch mit hinaus genommen habe. Dieses Tuch, das die Wittrung des Hundes hatte, habe ich unter den Hochsitz gelegt und den Hund darauf ablegen lassen. Ich habe ihm sein vertrautes Lager vorgetäuscht. Am Anfang wurde der Dackel unter dem Hochsitz nur angeleint abgelegt, denn die Verlockungen und Düfte, die er in die Nase bekommt, sind groß. Zuerst bin ich dabei immer bei dem Hund unter dem Sitz geblieben und habe ihn erst nach mehreren Übungstagen allein gelassen. Dann steckt man sich ein paar Kiefernzapfen in die Tasche, und wenn der Hund unruhig wird, wirkt ein Zapfen von oben auf den Buckel Wunder.

Ablegen? – Stundenlang!
Schußfest? – Was soll die Frage!

Sitzt das Kommando *„Down!"* hundertprozentig, dann kann man sich ans Thema „Schußfestigkeit und Schußruhe" heranmachen.

Schußfestigkeit und Schußruhe

Den jungen Dackel schußfest zu machen, heißt ihn an den Schuß gewöhnen. Er muß dazu gebracht werden, daß er sich nach dem Schuß völlig ruhig verhält, nicht zu jaulen anfängt, nicht an der Leine zieht, und so weiter. Eine völlige Schußruhe ist Voraussetzung für den ordentlichen Jagdgebrauch.

Nachdem das Ablegen hundertprozentig sitzt, kann mit der Übung „schußfest" begonnen werden. Wenn der Dachshund in rund zwanzig Meter Entfernung, vorerst noch in Sichtweite vom Jäger, abgelegt wurde, bringen wir die Flinte blitzschnell in Anschlag und schießen in entgegengesetzter Richtung vom Hund. Niemals über den Kopf schießen! Wenn sich unser Dackel bei Abgabe des Schusses aus seiner Downlage erhebt, dann wird er sofort mittels Kommando wieder in seine ursprüngliche Lage gebracht.

Wie erwähnt, werden die ersten Schüsse in einiger Entfernung abgegeben, und sicherheitshalber kann unser Dackellehrling auch angeleint werden. Man legt am besten einen Rucksack dazu und hängt den Hund an einen der Riemen. Vorsicht! Es soll schon vorgekommen sein, daß der Dackel samt Rucksack abgehaut ist! Diese Übung – die Abgabe mehrerer Schüsse – wird so oft wiederholt, bis sich der Hund an den Knall gewöhnt hat. In der Nähe des Hundes kann dabei ein Helfer postiert werden – etwa hinter einer Hecke –, den der Hund nicht sieht. Denn nicht selten kommt es vor, daß unangeleinte Hunde in Panik abhauen und dann einige Stunden nicht mehr gesehen werden. Von seiner Wesensfestigkeit wird es abhängen, wie lang es dauert, bis er sich an den Knall gewöhnt hat. Eine kleine Unruhe wird bald verschwinden.

Erst wenn unser Dachshund ruhig geblieben ist, entfernen wir uns weiter von ihm, und mit der Zeit wird er so abgelegt, daß er uns nicht mehr sehen kann. Gewonnen hat der Hundeführer, dessen Hund jetzt nach dem Schuß liegen bleibt. Wenn er aber auftaucht, das heißt also, sich von seinem Platz entfernt hat, auf dem er abgelegt war, so muß die Übung von vorn begonnen werden. Der Dackel wird auf jeden Fall wegen Ungehorsams wieder auf seinen ursprünglichen Platz zurückgebracht.

Zeigt ein Dackel trotz häufigen Übens immer wieder Schußscheue, dann braucht der Hundeführer zu keiner Prüfung zu gehen, und auf der Jagd wird er auch keine Freude haben mit seinem vierbeinigen Jagdgefährten.

Spurlaut

Der Spurlaut ist eine reine Veranlagungssache, das heißt: entweder ist der Hund spurlaut oder er ist es nicht. Mit anderen Worten: Der Abrichter wird es selbst mit noch soviel Geduld und Mühe niemals schaffen, einen Hund, welcher aus Veranlagung „stumm“ ist, zum spurlauten Jagen zu bringen.

Ob ein Dackel die Veranlagung hat oder nicht, kann in manchen Fällen nicht auf Anhieb festgestellt werden. Der eine gibt früher Laut, und der andere eben später. Wenn also ein Dachshund auf einer frischen Hasenspur nicht sofort Laut gibt, so ist das noch lange kein Beweis, daß ihm die Veranlagung zum Spurlaut fehlt, noch dazu, wenn beide Elternteile spurlaut waren. Es soll daher über einige Tricks aus eigener Erfahrung gesprochen werden, wie man aus dem vermeintlich stummen Dackel doch noch einen „sprechenden“ machen kann.

Bei einem Junghund ist es in erster Linie Unkenntnis, er weiß im ersten Moment überhaupt nicht, um was es geht. Wenn ein junger Hund auf eine frische Hasenspur gesetzt wird und er zeigt Interesse durch Bewinden, weiß aber nicht recht, was er tun soll, so kann ihm ohne weiteres der nächste Hase gezeigt werden, und es schadet auf keinen Fall, wenn er ein- bis zweimal sichtlaut hinter dem Hasen herjagt. Der Dachshund, der die Veranlagung zum Spurlaut hat, wird begreifen, daß die Wittrung auf der Spur vom Hasen stammt, hinter dem er vorhin hergejagt ist. Er wird mit Sicherheit Laut geben, wenn er nur die Wittrung in die Nase bekommt. Es soll sich nur ja kein Abrichter einfallen lassen, seinen Dackel zurückzupfeifen, wenn er sich einmal weit auf der Hasenspur entfernt. Das kann gar nicht weit genug gehen. Wenn der Junghund des öfteren zurückgepfiffen wird, dann entwickelt er sich zu einem „Kleber“, das heißt, er geht nie mehr sehr weit von seinem Hundeführer weg.

Von der Hilfe mit dem Sichtlaut wurde bereits gesprochen. Bleibt ein Dackel trotz dieser Hilfe immer noch stumm, so kann mit einem zweiten spurlauten Hund Abhilfe geschaffen werden. Unser Hundelehrling wird mit dem Spurlauten auf einen Hasen angesetzt. Sobald der erfahrene Dackel Laut gibt, ist die ganze Sache zu wiederholen, indem er wieder auf eine Hasenspur gesetzt wird, ohne daß er den Hasen gesehen hat, und vor allen Dingen ohne die Hilfe des anderen Hundes.

Wird er nach dieser Übung immer noch nicht laut, so gibt es noch eine andere Methode. Der Junghund wird bei Ansicht des davonhetzenden Hasen am Riemen festgehalten, und er muß dem erfahrenen Hund zusehen, wie dieser lauthals auf der Hasenspur davonzieht. Den Junghund möchte ich sehen, der dann immer noch stumm ist!

Nützen all diese Übungen nichts, dann wird es schön langsam bedenklich, denn dann wird es zur Gewißheit, daß unser junger Dackel keine Veranlagung zum Spurlaut hat.

Natürlich muß man bei solchen generellen Behauptungen immer aufpassen, denn auch hier heißt die Devise: Keine Regel ohne Ausnahme. Es besteht nämlich ein gewaltiger Unterschied, ob ich die erste Übung mit einem Dackel im Alter von 6 Monaten durchführe, und er rührt sich nicht, und plötzlich, im Alter von 8 Monaten, gibt er Laut, daß es eine Freude ist. Es gibt da Spätzünder, die sind zum ersten Mal spurlaut im Alter von einem Jahr oder noch später.

Ein wesentlicher Faktor ist die Wittrung. Der Anfänger sollte auf keinen Fall üben, wenn die Felder staubtrocken sind, denn eine gewisse Bodenfeuchtigkeit ist eine wesentliche Hilfe.

Wenn möglich, sollten nicht Wiesen und Felder ausgesucht werden, die zwischen Bahnlinien oder stark befahrenen Straßen liegen, denn ein passionierter Dachshund wird weder auf einen Zug noch auf irgendwelche Autos achten, ihn interessiert nur die Hasenspur. Kein Hundeführer sollte Angst haben, daß sein Dackel nicht mehr zurückkommt, wenn er eine weite Hasenspur ausgearbeitet hat. Wenn der Hundeführer seinen Ausgangspunkt nicht verläßt, dann wird er sehr bald feststellen, daß sich sein

Ein gutes Zeichen:
Freudige Rückkehr zum Herrn.

vierbeiniger Freund, langsam aber sicher, auf seiner eigenen Fährte wieder zurückbuchstabiert. Es gibt nichts Schöneres, als ihm dabei zuzusehen. Wenn er dann wieder da ist, hat er sich die größte Belohnung verdient.

Stöbern und Buschieren

Grundsätzlich muß herausgestellt werden, daß zwischen dem Stöbern und der Buschierarbeit ein Unterschied besteht. Gestöbert wird im „Dunkeln", das heißt in Dickungen, und buschiert wird im „Hellen", das heißt in niedrigem Buschwerk. In den Dickungen sucht der Hund selbständig, der Jäger hat seinen Hund nicht mehr „in der Hand". Im niedrigen Buschwerk, in

Beständen mit Gras-, Ginster- oder niedrigen Brombeerbüschen „buschiert“ der Dackel auf Sichtweite oder, wie es in der Jägersprache heißt, „unter der Flinte“. In beiden Fällen, nämlich beim Stöbern und beim Buschieren, soll der Dachshund das Wild herausstoßen, aber keinesfalls nachprellen. Das Buschieren kann man mit einem jungen Dackel machen. Stöbern dagegen sollte man nur mit einem fertigen Hund, mit einem Dackel also, der in puncto Gehorsam perfekt ist.

Der junge Dackel wird in der ersten Zeit nicht alleine in die finstere Dickung gehen, weil ihm von dort Gefahr drohen könnte. Es bleibt dem Abrichter nichts anderes übrig, als am Anfang mit in die Dickung zu gehen, wenn es sein muß auf allen vieren. Vorher sollte die Dickung von Freunden umstellt sein, denn wenn der junge Dackel auf Rehwild oder auf einen Hasen stößt, dann wird er durch nichts mehr zu halten sein. Aufgabe dieser Freunde ist es, den Hund, wenn er aus der Dickung herauskommt, abzufangen und ihn mit aller gebotenen Bestimmtheit wieder zurück in die Dickung zu schicken. Er muß kapieren, daß er der Fährte außerhalb der Dickung nicht zu folgen hat. Das ist der Arbeit härtester Teil. Wie schon mehrmals erwähnt: Ohne Fleiß, kein Preis!

Noch zu beachten ist, daß ein Dachshund, der spurlaut ist, in den meisten Fällen auch sichtlaut ist und lauthals hinter dem Wild herjagt. Das schadet bei der Stöberarbeit keinesfalls. Meistens erfolgt diese ohnehin spurlaut, weil der niederläufige Hund bei der Schnelle des Wildes gar keine Gelegenheit hat, das Wild zu eräugen, und somit nur von seiner Nase Gebrauch macht. Der Hundeführer sollte jedenfalls jegliches Zurückrufen oder Pfeifen unterlassen. Dauerndes Zurückholen macht den jungen Hund zum „Kleber“, er wird dauernd beim Hundeführer sein, und die Folge ist ein sogenanntes „Rändern“: Der Hund sucht lustlos am Dickungsrand entlang und ist nicht zu bewegen, in die Dickung hineinzugehen.

Die Stöberarbeit mit dem Dackel hat für den Jäger den Vorteil, daß das Wild relativ langsam aus der Dickung kommt, weil unser kleiner Freund nicht mit hohem Tempo hinterm Wild her ist. Der Jäger kommt damit leichter zu Schuß.

Beim Buschieren ist darauf zu achten, daß der Dackel sehr kurz vor seinem Führer „reviert“. Am Anfang werden wir das Tempo unseres Dachshundes häufig durch beruhigende Worte bremsen müssen, und es ist nicht falsch, wenn unser Freund in der Anfangszeit häufig das Wort *„Platz!“* hört, denn so bringen wir dem jungen Dackel bei, daß er auf uns zu warten hat. Der enge Kontakt beim Buschieren ist sehr wichtig. Der zuvor bereits gut abgerichtete Dackel wird die Jagdart des Buschierens sehr schnell begreifen, er erkennt sehr schnell den Unterschied zum Stöbern.

Abschließend soll noch betont werden, daß sowohl Stöbern als auch Buschieren eine Sache der Jagdpassion sind. Und: Niemand soll mit seinem jungen Dachshund stöbern, bevor der Hund nicht hundertprozentigen Gehorsam hat, denn sonst wird er zu einem üblen Hetzer!

Einarbeiten auf Schweiß

Unser kleiner Jagdhund ist aufgrund seines Körperbaues und gerade wegen seiner hervorragenden Nase bestens für die Arbeit auf der Wundfährte geeignet. Die Art, den Dackel auf Schweiß zu arbeiten, kann sehr unterschiedlich sein. Die Ausbildung sollte sich auf zwei Gebiete erstrecken: zuerst auf die Bearbeitung der künstlichen Schweißfährte und vorher auf mehreren Gesundfährten. Beide Arbeiten haben letzten Endes die Arbeit auf der natürlichen Wundfährte zum Ziel.

Es gibt immer wieder sehr kritische Stimmen bezüglich des Wertes einer Kunstfährte für die jagdliche Praxis. Nun, da kann ich nur sagen: Alle meine Hunde wurden auf der künstlichen

Schweißfährte eingearbeitet, und zu keiner Zeit bin ich schiefgelegen, wenn dann eine natürliche Schweißfährte fällig war.

Selbstverständlich sind unserem Dachshund auf der natürlichen Schweißfährte Grenzen gesetzt. Man denke dabei zum Beispiel an einen Laufschuß, bei dem die Nachsuche aus irgendeinem Grund erst am nächsten Tag erfolgen kann. Laufkrankes Rehwild erholt sich sehr schnell, und es stellt sich umgehend auf die Dreiläufigkeit ein, es ist trotz allem ziemlich beweglich. Der Dackel kann ein auf diese Art krankgeschossenes Wild höchstens stellen, das Wild wird aber nicht gut auf den Jäger warten und wieder flüchtig werden. Ein großer Hund kann in so einem Fall das Wild niederziehen und festhalten, bis der Fangschuß angebracht worden ist.

Auch in extremen Gebirgsrevieren, vor allem auch bei entsprechender Schneelage, ist selbstverständlich ein großer Schweißhund besser. In allen anderen Fällen ist unser Dackel aber ein hervorragender Schweißhund.

Wenn jemand die Absicht hat, seinen Dackel auf Schweiß zu führen, dann muß er sehr früh mit dem Üben beginnen. Auch hier ist die Kardinalfrage: „Wie sag ich's meinem Hunde?" – Wenn die ersten Fährten nicht zu lang gelegt werden und auch nicht sehr lange stehen, ergeben sich kaum Schwierigkeiten. Gerade bei der Übung auf Schweiß ist eine Elendsgeduld von Nutzen, und einen Kapitalfehler macht jener Hundeführer, der seinem vierbeinigen Freund vor lauter Ungeduld eine Tracht Prügel verabreicht, denn der Dachshund begreift ja am Anfang nicht, was man von ihm will.

Das Übungs„material" muß am Anfang nicht unbedingt Wildschweiß sein, es kann auch Schaf- oder Rinderblut genommen werden. Auf keinen Fall darf aber irgendwelches stinkiges Zeug oder halbverfaulter Schweiß Verwendung finden, dies wäre für die feine Hundenase eine Beleidigung.

Vor dem eigentlichen Üben ist der Kontakt zwischen Lehrherrn und Lehrling von größter Wichtigkeit. Als Handwerkszeug müssen eine Schweißhalsung, die selbstverständlich nicht auf Zug arbeiten darf, und ein etwa 6 Meter langer Schweißriemen her. Grundlage einer ordentlichen Schweißarbeit ist die Gängigkeit des jungen Dackels am Riemen. Unser Hund lernt das nicht von selbst, es muß ihm anerzogen werden, und zwar auf nicht zu frischen Gesund- und Kunstfährten. Für die Einarbeitung auf der Gesundfährte ist zum Beispiel im Hochwildrevier die Hirschfährte, im Niederwildrevier die Hasenspur geeignet. Noch ein Grundsatz sollte berücksichtigt werden, bevor mit dem eigentlichen Üben begonnen wird: Ein voller Bauch studiert nicht gern! Unser Lehrling wird seine Arbeit viel freudiger verrichten, wenn er hungrig beginnt; gefüttert werden kann er hinterher.

Der junge Dackel wird also an den Langen Riemen genommen und an eine Hasenspur gebracht. Hier soll er eifrig suchen. Er wird, nach einigem Kreisen, die Spur annehmen und dieser mit wedelnder Rute folgen. Während der Arbeit soll der Hund immer gelobt werden, wenn er die Richtung beibehält, die der Hase eingeschlagen hat, denn das ist der Beweis, daß er seine Nase gebraucht. Mit dem Lob sollte aber auf der anderen Seite auch wieder sparsam umgegangen werden, denn es gibt Hunde, die ziehen bei jedem Lob gewaltig an (Spurlaut). In diesem Fall ist eine beruhigende Einwirkung auf den Hund angebrachter. Es kann vorkommen, daß der Hund im Übereifer den ersten Haken überschießt. Dann sollte man ihn ruhig kreisen lassen, bis er wieder eingefädelt hat. Wenn das nicht der Fall ist, darf man den Hund niemals zurückzerren, sondern muß ihn abtragen und dort wieder ansetzen, wo wir den Hasen verschwinden gesehen haben.

Hat unser Hund einmal rund dreißig Gesundfährten gearbeitet, dann kann auf die künstliche Schweißfährte übergegangen werden. Zu viele Gesundfährten sind auch nicht gut, denn die arbeitet unser Hund – im Vergleich zur künstlichen Schweißfährte – viel lieber. Hat man einmal mit der Kunstfährte begonnen, dann darf man nie mehr auf einer Gesundfährte arbeiten. Bei der künstlichen Schweißfährte muß am Ende unbedingt ein Stück „Wild“ liegen, denn der Hund muß das Erfolgserlebnis haben, etwas zu finden. Dieses „Wild“ kann am Anfang ohne weiteres nur aus einer Rehdecke bestehen.

Für die Herstellung einer künstlichen Schweißfährte kann man eine Plastikflasche verwenden, in die ein Viertelliter Schweiß paßt. Als Verschluß genügt ein Korken, der an einer Seite eingekerbt ist. Aus dieser Kerbe soll immer ein Tropfen Schweiß kommen. Die Schweißfährte wird man grundsätzlich nur im Wald anlegen, wobei der „Anschuß“ am Waldrand liegen sollte. Zur eigenen Orientierung wird der Anschuß und auch der weitere Verlauf der Fährte mit Punkten an den Bäumen markiert. So kann der Hundeführer überprüfen, ob der Hund auch auf der Fährte ist.

Die ersten Fährten sollten nicht länger als 150 bis 200 Meter sein und nur einen Haken aufweisen. Der Haken wird mit einem künstlichen Wundbett versehen, das heißt, wir geben an dieser

Der Dackel wird am Beginn der künstlichen Schweißfährte angesetzt. Die Kunstfährte legt man grundsätzlich nur im Wald an.

Stelle etwas mehr Schweiß. Auch sollten die ersten Fährten nicht länger als zwei Stunden stehen; später wird die Stehzeit auf vier, dann auf acht Stunden und schließlich auf Übernacht verlängert. Ebenso wird die Fährte mit der Zeit verlängert, zuerst auf 600, dann auf 800 und zuletzt auf ungefähr 1.000 Meter.

Eine andere Art, eine künstliche Schweißfährte anzulegen, ist das sogenannte „Tupfen“. Man nimmt ein Stück Schwamm, befestigt dieses unten an einem Stock, und dieser Schwamm wird in den Schweiß eingetaucht und bei jedem Schritt auf den Boden aufgedrückt. Diese Art Schweißfährte hat den Vorteil, daß der Schweiß besser auf dem Waldboden haftet.

Wie eingangs erwähnt, ist die Grundlage der Schweißarbeit die Vertrautheit des Dachshundes mit dem Langen Riemen. Der Hund muß wissen, wenn er das breitere Halsband angelegt bekommt, dann passiert etwas Besonderes, und am Schluß der Arbeit wird er etwas finden, für das er eine große Belohnung bekommt. Die eigentliche Schweißarbeit beginnt für den Hund nicht erst mit dem Straffen des Schweißriemens, sondern schon mit dem Beobachten, wenn der Hundeführer einen Anschuß untersucht, wenn er den Schweißriemen abdockt, und so weiter – schon diese Beobachtungen müssen die Arbeitsfreude beim Dackel wecken.

Das Kommando für den Hund ist: *„Such verwundt, mein Hund!“* Er darf zu Beginn der Arbeit niemals aufgehetzt werden, sondern wird ruhig und freundlich ermuntert, und wenn er einmal von der Fährte abkommt, dann darf man nicht gleich nervös werden. Abtragen und wieder neu ansetzen, heißt die Devise. Wenn der junge Dackel schließlich wieder Schweiß anzeigt, muß man ihn ruhig loben. Es kann vorkommen, daß der Wind bei der Schweißarbeit von der Seite weht und unser Dackel zwei, drei Meter neben der Fährte arbeitet, auch das ist kein Fehler.

Die Übung auf der künstlichen Schweißfährte sollte nur alle acht Tage gemacht werden, denn sonst verliert der Dackel die Lust an dieser Arbeit.

Abschließend soll nicht unerwähnt bleiben, daß die künstliche Schweißfährte niemals die natürliche ersetzen kann. Es fehlt das Schnitthaar, es fehlen die Schaleneindrücke, und so weiter. All diese Dinge bringt nur die Praxis.

Es wird der Tag kommen, an dem die erste Naturfährte zu arbeiten ist. Diese erste wirkliche Arbeit auf der Rotfährte überrascht den Dachshund vollkommen, und wer seinen Hund versteht, der wird beobachten können, mit welcher Begeisterung der Hund die Schweißfährte anfällt und wie er sich freuen kann, wenn er das Stück gefunden hat, auf dessen ureigenster Wittrung er am Anfang angesetzt worden ist.

Und noch etwas. Jeder erfahrene Hundeführer weiß um die Gültigkeit des folgenden Spruches: „Zerre niemals den Hund in eine andere Richtung, denn der hat meistens recht!“

Das mit der Nachsuche war ein Kinderspiel.
Jetzt kommt’s aufs Bewachen an!

Bauarbeit

Die Baujagd hat von allen Jagdarten, die den Dachshund betreffen, immer eine Sonderstellung eingenommen, und das schon in sehr frühen Zeiten. So schrieb etwa Johann Täntzern in dem im Jahr 1734 in Leipzig erschienenen Buch „Der dianen hohe und niedere jagdgeheimniße, darinnen die gantze Jagdwissenschaft ausführlich zu befinden“:

> „Die dachs-kriecher sind gleichsam die zwerge von den hunden, welche gar eine sonderliche und niedrige schlimmbeinige art, die gleichwolh am leibe noch ziemlich starck seyn, welche dächsen, biebern, fischottern und füchsen dienlich wie im anderen fach zu sehen. Daß man diese auch in feldern und höltzern nirgend loß lässet, sondern nur wenn man bey die bäue kommt, ist am allerbesten, und denn dieselben darein gehetzet, wenn erstlich ein alter hund vorlieget; denn durch solche mittel führet ein hund den anderen zu solchen dingen an. Und wenn man hernach, als der dachs ausgegraben, einen feinen starcken hund darbey hat, wie unten zu sehen, welcher das meiste im würgen thut, das hilft sehr viel. Ihre halsbänder müßen, wenn sie kriechen sollen, abgelöst werden, sonst bleiben die hunde an bäuen in wurtzeln hangen. Und es haben dieselben bey solcher gelegenheit ofters gebollen, noch ihren sinn anzuzeigen, daß sie nicht fortkommen können, wir haben gedacht, daß dann sauer werden lassen, so haben wir den hund feste hängend befunden, welches zur guten nachricht dienet. Schließlich berichte von allen hunden, daß noch von viel mehrern, auch von ihrer wartug zu beschreiben wäre; allein wenn ich dieselben hernach fernerweit in allerhand dingen gebrauchen, und die darzu, an wissenschaft, gehörige leute darbey melden werde, so wird alles vollends herfür kömmen.“

Man kann also sehen, daß unser Dachshund schon vor mehr als 250 Jahren wertvolle Dienste bei der Jagd unter der Erde geleistet hat.

Wie bei allen Jagdarten, so ist auch bei der Baujagd – und gerade da – eine Einarbeitung notwendig. Bei unserem Dackel bietet sich dazu der Kunstbau an. Derartige Einrichtungen findet man bei den zuständigen Vereinen in Deutschland, in Österreich, in Frankreich und in der Schweiz.

Wie aber bringe ich den Dackel dazu, daß er überhaupt in so einen Kunstbau hineingeht? Begonnen kann mit der Abrichtung dazu schon im Welpenalter werden, da allerdings mehr spielerisch. Eine kleine, rund eineinhalb Meter lange unterirdische Röhre im eigenen Garten wirkt Wunder. Die anfängliche Scheu vor der Dunkelheit in diesem „Bau“ kann man dem Welpen sehr schnell nehmen, wenn man einen ordentlichen Fleischhappen an eine Schnur bindet. Diesen Happen habe ich durch den Garten gezogen und anschließend durch den kleinen Bau. Die Welpen folgen mit Volldampf hinterher, und, nach einigem Zögern, haben sie auch den Bau „angenommen“, denn sie wollten ja den Fleischbrocken, den ich ihnen dann im Bau überlassen habe.

Schon nach kurzer Zeit konnte ich beobachten, daß sich die Welpen, und zwar alle, zum Schlafen in diesen „Kunstbau“ begeben haben, und auch bei irgendwelchen unangenehmen Geräuschen waren sie blitzschnell darin verschwunden.

In welchem Alter der Abrichter seinen Dackel dann an den richtigen Kunstbau bringt, bleibt ihm selbst überlassen. Es gibt Dachshunde, die bereits im Alter von 8 bis 9 Monaten Hervorragendes leisten, andere wieder sind Spätstarter.

Die Arbeit am Naturbau ist wieder ein ganz anderes Kapitel, denn dabei ist nicht nur ein guter Bauhund vonnöten, auch das Verhalten des Hundeführers und der anwesenden Jäger ist hier von großer Bedeutung. Der gute Dachshund braucht da keine Anweisungen, und irgendwelche Hilfen kann ihm der Jäger ohnehin nicht geben.

Apportieren

Grundsätzlich ist zu beachten, daß der Dackel bei dieser Tätigkeit nicht überfordert wird, das heißt, er soll nur solches Wild apportieren, das er auch wirklich tragen kann.

Wie auch bei anderen Jagdhunderassen gibt es Dackel, die aus natürlicher Veranlagung heraus apportieren oder es zumindest so leicht begreifen, daß nicht viel Übung notwendig ist. Einem Dachshund mit Gewalt das Apportieren beibringen zu wollen, diesen Versuch sollte man lieber bleiben lassen, wobei ich leichten Zwang nicht als Gewalt verstanden wissen will. Auf jeden Fall begreift jeder Dackel aufgrund seiner Intelligenz sehr schnell, um was es geht. Er wird bei einer ihm bekannten Jagdart – zum Beispiel beim Stöbern auf Kaninchen, mit Anstand auch beim Hasen, ja sogar in einem nicht zu weitläufigen Gelände beim Suchen nach Hühnern und, was nicht selten vorkommt, beim Bringen von Enten aus dem Wasser – durchaus seine Brauchbarkeit als Apportierer beweisen.

Wenn er eine Ente aus dem Wasser bringt: Bei der Größe des Wildes hat unser Dackel schon seine Schwierigkeiten mit der Korrektheit des Bringens, aber er bringt sie ans Ufer, und das ist immer noch besser, als wenn die Ente verlorengeht.

Wie also mache ich unseren kleinsten Jagdgebrauchshund zu einem zuverlässigen Apportierer?

Die erste Übung beginnt schon sehr früh, vielleicht in einem Alter von 4 bis 6 Monaten, und zwar mit einem leichten Strohbock, den wir unserm jungen Dackel bei jeder Gelegenheit in den Fang schieben. Die erste Übung wird also das Halten des „Apportels“ sein. Nerven Sie Ihren kleinen Freund dabei aber nicht zu arg, denn das Ganze soll mehr ein Spiel sein! Als nächstes kommt das Aufnehmen von der Hand, und als letztes das Apportieren des leichten Strohbockes von der Erde. Zu diesem Zeitpunkt soll unser Hund aber bereits mindestens 9 Monate alt sein.

Auch Apportieren ist für den Dackel kein Problem.
Überfordert werden darf er dabei allerdings nicht.

Niemand soll in den Fehler verfallen, den Apportiergegenstand von sich zu werfen! Denn der ausgewachsene Dackel wird, wenn Sie so mit ihm „geübt“ haben, niemals ein Stück Wild suchen. Es ist nicht richtig, wenn das Apportieren auf der Grundlage der spielerischen Bringanlage gelehrt wird. Es ist aber auch falsch, dem jungen Dackel dieses Abrichtefach durch Zwangseinwirkung beizubringen. Jedem Jäger ist bei dieser Übung anzuraten, wenigstens in den ersten Tagen viel Geduld zu haben.

Ist unser Dachshund letztendlich so weit, daß er den leichten „Apportierbock“ längere Zeit im Fang halten kann – bis jetzt immer noch angeleint –, dann kann man dazu übergehen, den Hund abzuleinen und frei bei Fuß, mit dem Apportiergegenstand im Fang, neben dem Hundeführer herlaufen zu lassen; und das immer mit der leisen Aufmunterung *„Apport!“* Dann bleibt man stehen und bringt den Hund mit dem Kommando *„Sitz!“* zum Sitzen. Wohlgemerkt: Der Hund hat den Apportierbock immer noch im Fang. Sollte er ihn jetzt fallen lassen, sofort wieder in den Fang schieben, mit der Ermahnung *„Pfui, was ist das!?“*

Jetzt kommt das Kommando *„Aus!“* Die Hände hält man dabei unter den Fang des Hundes, damit der Bock nicht zu Boden fällt. Damit machen wir dem Hund klar, daß er jetzt den Apportierbock und später das Wild nicht auf den Boden zu werfen hat. Wenn unser Dackel erst einmal Freude am Apportieren gefunden hat, dann wird er zuerst versuchen, den apportierten Gegenstand nicht mehr herzugeben. Um ihn dazu zu bewegen, bei dem Kommando *„Aus!“* das Wild auch tatsächlich herzugeben, habe ich ihm in der ersten Zeit als Gegenleistung einen Fleischbrocken angeboten, sozusagen als Tausch. Diese Methode sollte aber nur am Anfang praktiziert werden, bis dieser Teil der Übung sitzt.

Nach und nach werden unserem Dackel die Kommandos *„Apport!“* und *„Aus!“* in Fleisch und Blut übergehen. Und entscheidend ist dabei wieder: Üben, üben, üben – sonst wird das Ganze nichts!

Dazwischen und damit die ganze Lernerei für unseren jungen Dackel nicht zuviel wird, muß er sich richtig ausrennen können. Springen Sie mit Ihrem Hund durch die Gegend, und spielen Sie mit ihm, das macht ihn umgehend wieder aufnahmebereit.

Seinerzeit haben wir unserem Dachshund das Kommando *„Sitz!"* beigebracht. Dieses Kommando wenden wir jetzt an. Dann entfernen wir uns vom Hund, legen den Apportierbock – der jetzt bereits um einiges schwerer ist – ab, zuerst in einer Entfernung von rund fünf Metern und mit der Zeit immer weiter, bis wir ihn dann so ablegen, daß ihn der Hund nicht mehr sehen kann. Der Hund muß unbedingt sitzenbleiben, und erst auf das Kommando *„Such verloren, Apport!"* darf er lospilgern, den Gegenstand aufnehmen, und er muß dann sofort zurückkommen, sitzen und ausgeben. Wie gesagt: Er muß *sofort* zurückkommen! Lassen Sie ihm keine Zeit, damit verhindern Sie für später, daß Ihr Dackel ewig lange am Wild herumknautscht.

Wasserarbeit

Wie bei allen anderen Jagdhunderassen, so muß auch bei unserem Dachshund die Wasserfreudigkeit angewölft sein. Man kann dem Dackel wohl noch einige Fertigkeiten für die Arbeit im Wasser beibringen, die Passion fürs Wasser muß er aber von Geburt an haben.

Zuerst wird der junge Dackel an ein Gewässer mitgenommen, in das man selbst vorausgehen kann. Der kleine Hund muß regelrecht hineingelockt werden. Auf keinen Fall aber Zwang ausüben! Denn dann ist es für alle Zeiten vorbei. Gelingt das nicht, so geht man an einen kleinen Bach, der Hundeführer watet durch, der Hund wird auf der anderen Seite von einer Person festgehalten. Der Abrichter, der den Hund an einer langen Schnur hat, lockt diesen ins Wasser, und er wird, nach einigem Zögern, hinüberwollen. Zögert er jedoch noch immer, dann kann mit einem leichten Zug an der Schnur nachgeholfen werden. Diese erste Übung sollte auf keinen Fall an einer steilen Böschung und auch nicht in einem tiefen Wasser vor sich gehen. Der Hund geht leichter in das nasse Element, wenn er noch den Boden unter den Läufen hat. Wenn es dann tiefer wird, fängt er automatisch an zu schwimmen. Es gibt Hunde, die kommen nicht vorwärts, die paddeln auf der Stelle, auch hier kann der Hundeführer helfen, indem er vor oder neben dem Hund herschwimmt, damit dieser sich die Vorwärtsbewegung abschauen kann.

Sitzt die erste Übung einigermaßen, dann kann an das Apportieren aus dem Wasser gedacht werden. Grundsätzlich sollte dem Dackel in der Wasserarbeit nicht zuviel zugemutet werden, er kann eben nur das bringen, wozu er aufgrund seiner Größe in der Lage ist. Mit einer großen Ente hat er schon seine Schwierigkeiten. Einer von meinen Hunden hat die Ente regelrecht vor sich hergeschoben, und zwar so lange, bis sie am Ufer war – aber gebracht hat er sie!

Was ist Wesensfestigkeit? Was ist Schärfe?

Unter der Wesensfestigkeit versteht man im allgemeinen die Kennzeichnung eines körperlich-seelischen Gesamtzustandes, der als eine Art Gleichgewicht innerhalb erregender oder hemmender Umwelteinflüsse sofort wieder hergestellt wird.

Die Wesensfestigkeit ist daher kein spezieller Ausdruck für den Begriff der Schärfe oder Härte am Raubwild, weil es eine Raubzeugschärfe auch bei anderen Tieren gibt.

Dachshunde, die unter Gewitterangst oder unter Schußscheue leiden, können nicht mehr als „wesensfest“ bezeichnet werden, obwohl diese Hunde zum Beispiel sehr raubzeugscharf sein können.

Von wegen „schußscheu" –
kann gar nicht genug knallen!

Dackel, die ohne besondere Veranlassung Menschen beißen, sind deshalb noch lange nicht wesensfest oder raubzeugscharf. Dagegen können nervöse Hunde durchaus raubzeugscharf sein, weil sie sehr leicht in rücksichtslose Kampfstimmung kommen können.

Experten haben für die Wesensfestigkeit folgenden Grundsatz ausgegeben: „Wesensfestigkeit, das ist der Zustand seelisch-körperlicher Ausgeglichenheit, der sich auch bei außergewöhnlichen Umwelteinflüssen immer schnell wieder einstellt. Der Begriff der Wesensfestigkeit darf mit Härte oder Schärfe nicht verwechselt werden."

Die Zucht

Manche glauben, sie müßten sich nur eine Hündin anschaffen, und schon könne mit der Zucht begonnen werden. So einfach ist das aber nicht, und das sollen die nun folgenden Abschnitte zeigen.

Früher wurde das Wissen um die Zucht von erfahrenen Züchtern, vor allem von solchen, die Erfolge aufzuweisen hatten, als Geheimnis gehütet. Heute gibt es gesicherte Erkenntnisse, die jedermann zugänglich sind. Man muß sich aber im Klaren darüber sein, daß Züchten keine leichte Aufgabe ist, und wenn schon mit Begeisterung begonnen wurde, so soll nicht beim ersten Mißerfolg gleich wieder Schluß sein. Die heutigen Erkenntnisse

Züchten ist zwar keine leichte Aufgabe, aber eine wunderschöne.
Umso mehr, wenn der Nachwuchs so aussieht.

der Veterinärmedizin, die auch die Geburt und die Aufzucht miteinschließt, sollte sich der Anfänger unter den Züchtern ganz besonders zunutze machen.

Es sollte bedacht werden, daß unser Dackel ein hochentwickeltes Lebewesen ist, und daß schon die Anwesenheit eines solchen Tieres in unserem Haus eine Bereicherung darstellt. Umso mehr eröffnet sich bei der Zucht ein weites Feld für Menschen mit echter Tierliebe.

Sind alle Grundvoraussetzungen gegeben, und hat man sich wirklich zum Dackelzüchten entschlossen, so wird man sich zunächst darüber klar werden müssen, welche der drei Haararten man züchten will. In den meisten Fällen erledigt sich diese Frage von selbst, da der, der züchten will, eine Hündin mit dem Haarkleid seiner Wahl zu Hause hat. Grundsätzlich soll hier festgestellt werden, daß alle drei Haararten bezüglich jagdlicher Brauchbarkeit und Schönheit auf eine Stufe zu stellen sind.

Internationales Zuchtrecht

Die FCI – „Fédération Cynologique Internationale“ – mit Sitz in 13, Place Albert I, B-6530 Thuin, Belgien, ist die Dachorganisation aller kynologischer Verbände der Welt. Sie wacht über die Festlegung der Standards für alle Hunderassen, und sie sorgt für die gegenseitige Anerkennung der Stammbücher in allen Mitgliedstaaten.

Von der FCI wurde auf dem 2. Kynologischen Kongreß 1935 in Monte Carlo das Internationale Zuchtrecht beschlossen. Dieses Zuchtrecht umfaßt 29 Artikel, und es hat auch heute noch seine Gültigkeit. Dieses Zuchtrecht hier aufzuführen, wäre zu umständlich. Es sei aber darauf hingewiesen, daß jeder Züchter bzw. Interessierte es von dem für ihn zuständigen Verband oder Verein anfordern oder einsehen kann.

Die Mendel'sche Vererbungslehre

Es ist erstaunlich, wie verhältnismäßig einfach die von dem Augustinerprälaten und Lehrer der Naturwissenschaft und Physik Gregor Johann Mendel (1822 bis 1884) aufgestellte Vererbungslehre ist, aber wahrscheinlich ist sie gerade deshalb so genial. Als Mendel zu seiner Zeit mit dieser Vererbungslehre an die Öffentlichkeit trat, wurde er nicht ernstgenommen, ja geradezu verspottet. Die Zeit war noch nicht reif für solche Dinge, und erst um die Jahrhundertwende hat man erkannt, wie genial die Erkenntnisse von Mendel in Wirklichkeit waren.

Die Vererbungsgesetze von Mendel basieren auf Merkmalen von Pflanzen, die äußerlich leicht erkennbar waren. Übertragen auf die Dackelzucht, sieht das in etwa so aus:

Wenn wir zum Beispiel einen rothaarigen Langhaar-Dackel mit einem Schwarzroten paaren, so ist nach der Mendel'schen Formel mit Sicherheit anzunehmen, und zwar in der (darauffolgenden) F1-Generation – immer vorausgesetzt, daß der rote Dackel reinerbig war –, daß reinrote Welpen zur Welt kommen. Das Merkmal „Rot" ist also dominant über das Merkmal „Schwarzrot". Es darf aber nicht vergessen werden, daß rund 75 Prozent der roten Welpen den schwarzen, also rezessiven, Erbfaktor in ihrer Erbmasse haben. Es ist daher durchaus möglich, daß bei einer Paarung mit anderen roten Dackeln, welche ebenfalls die schwarze rezessive Erbmasse in sich tragen, im nächsten Wurf schwarzrote Welpen zur Welt kommen. Es kann anschließend der Fall sein, daß sie trotz ihrer roten Ahnen keine roten Welpen mehr bringen. Wenn wir bei dem vorhin angenommenen F1-Wurf genau hinsehen, so werden wir als objektive Betrachter der Welpen auch feststellen, daß sie im Deckhaar um einiges dunkler sind als ihre schwarzen und roten Eltern.

Zur Erläuterung ein paar Beispiele über dominante und rezessive Merkmale:

Dominante Merkmale können sein: Einfarbigkeit, Normalgröße,

dunkle Augen, Scherengebiß, langer Schädel, Normalrute, Langohrigkeit und zum Beispiel auch Spurlaut.

Rezessive Merkmale dagegen sind: Zwergwuchs, Mehrfarbigkeit, Über- oder Unterbiß, Kurzohrigkeit, Knickrute, Stummjäger oder auch helle Augen.

Nicht so einfach wie mit der Vererbung sichtbarer Merkmale ist es mit der Regulierung von geistigen Erbwerten. Irgendwelche Vererbungsfehler erkennt man meistens erst nach mehreren Würfen. Das heißt also: Ein gewissenhafter Züchter muß in der ersten Zeit experimentieren und vor allen Dingen rigoros ausmerzen. Nur so kann er brauchbare Elterntiere und Paarungen hervorbringen.

So wird es auch verständlich, warum die Inzucht ihre Vorteile hat. Mit dieser Zuchtmethode werden auf jeden Fall die vielen Zufälle, die fremde Paarungen immer wieder an sich haben, so weit wie möglich ausgeschaltet oder zumindest erheblich reduziert.

Hier sind wir bei einem Punkt angelangt, an welchem die Meinungen der Schönheitszüchter mit jenen der Gebrauchshundezüchter nicht mehr übereinstimmen. Natürlich wäre es der Idealzustand schlechthin, wenn es gelingen würde, einen bildschönen Dackel mit allen Eigenschaften, die auch einen jagdlich guten Hund auszeichnen, herauszubringen. Aber das wird nie ganz gelingen, irgendwo hapert es immer. Die Schönheitszucht wird wohl immer dominant sein, und das ist gut so, denn die Mehrheit der Dackelliebhaber geht ohnehin nicht zur Jagd. Die meisten wollen eben einen schönen Hund haben.

Grundsätzlich wird es immer so sein, daß sich naturgemäß nur das vererben kann, was in beiden Elternteilen vorhanden ist. Jeder Dachshund kann sehr wohl die Anlage zum Erlernen vererben, aber niemals das Erlernte selbst. Ein Beispiel ist der Spurlaut, der läßt sich niemals erlernen, der muß vererbt werden.

Wie am Anfang dieses Kapitels erwähnt, verblüffen die Erkenntnisse von Gregor Mendel durch ihre Einfachheit. Wir soll-

Seidig-glänzendes Haar und eine edle Gestalt: prächtiger Langhaar-Dackel. Die Schönheitszucht dominiert heute über die Gebrauchshundezucht, denn die Mehrheit der Dackelliebhaber geht nicht mehr auf die Jagd.

ten sie uns, wenn wir züchten wollen, zunutze machen und dabei bedenken, daß über die Linienzucht die Inzucht der einzige gangbare Weg ist, immer das Ziel vor Augen, eine reinerbige Zucht zu erreichen. Ob wir das wirklich schaffen, reinerbige Dachshunde zu züchten, wage ich zu bezweifeln.

Begriffe des Züchtens

Was ist Fremdzucht?

Unter „Fremdzucht" versteht man die Paarung von Tieren derselben Rasse, die nicht miteinander verwandt sind. Auch auf die Blutführung wird keine Rücksicht genommen.

Was ist Inzucht?

Ein Ahne muß mindestens je einmal auf Vater- und Mutterseite vertreten sein, und zwar auf engster Blutsverwandtschaft, beschränkt auf die ersten fünf Generationen. Die Ergebnisse der Inzucht müssen als unter dem Durchschnitt bezeichnet werden. Über das Für und Wider der Inzucht wird bis zum heutigen Tag lebhaft diskutiert. Sie wird deshalb gefürchtet, weil sie versteckte, unerwünschte Eigenschaften zum Vorschein bringen kann. Es wurde sogar schon von einer physiologischen Müdigkeit der Tiere als Folge einer zu engen Verwandtschaft gesprochen. Experten befürworten eine Inzucht nur auf einwandfreie Ahnen.

Viele Züchter haben den Versuch unternommen, ihre Züchtung mit der Inzucht aufzubauen. Nicht jeder war zufrieden mit den Ergebnissen und hat wieder auf die Fremdzucht zurückgegriffen. Die Inzucht ist also keine sichere Methode und erst recht nicht ein Garant für züchterische Erfolge.

Was ist Inzestzucht?

Von „Inzestzucht“ spricht man bei Paarungen zwischen Elterntieren und Kindern, Enkeln und Großeltern, oder zwischen Verwandten ersten oder zweiten Grades in gerader oder Seitenlinie oder zwischen Geschwistern. – Bei der Inzestzucht ist sehr viel Glück dabei, wenn sie sich gut anlassen sollte. Sie ist nur erfahrenen Züchtern vorbehalten, die ihre Elterntiere viele Generationen zurück kennen.

Was ist Familienzucht?

Familienzucht ist eine Mischung zwischen Inzucht und Fremdzucht. Es muß Blutanschluß, zurückliegend von der fünften bis zur zehnten Ahnenreihe, gesucht werden. Diese Zuchtart ist dem Anfänger zu empfehlen, denn wenn der Blutanschluß richtig war, dann ist das bereits an einem ersten Wurf zu sehen, und zwar an der Ausgeglichenheit. Damit ist bereits der erste Erfolg sichtbar.

Wer ist eigentlich Züchter?

Züchter im eigentlichen Sinn des Wortes ist der Dackelbesitzer, in dessen Eigentum die Hündin zum Zeitpunkt des Deckens steht. Dieses Eigentumsrecht muß auf der Ahnentafel festgehalten sein. Eine Ausnahme ist der Verkauf der bereits gedeckten Hündin mit der ausdrücklichen Genehmigung des Zuchtrechts seitens des Verkäufers.

Weiterhin kann eine Hündin zum Zweck der Zucht an einen anderen vermietet werden.

Für beide Fälle muß ein Vertrag angefertigt werden, der dem zuständigen Verein oder Verband vorzulegen ist. Im übrigen gilt für jeden Züchter das Internationale Zuchtrecht, beschlossen auf dem 2. Kynologischen Weltkongreß 1935 in Monte Carlo.

Zucht- und formwertausschließende Fehler

1. Gebißfehler
   (Über- oder Unterbeißer bzw. Kreuzgebiß)
2. sehr lose Schultern
3. deutlich abgesetzte Brust
4. wenn die Vorhand zu weit nach vorne angesetzt ist; der Hund knickt dann in der Vorhand ein („Knicker“)
5. Knickrute
6. Stummelrute
7. Hodenfehler beim Rüden, das heißt, wenn der Rüde nur einen oder keine Hoden hat

Auswahl der Zuchttiere

Zufriedenstellende Ergebnisse in einer Zucht sind nur von Verbindungen mit guten Partnern zu erwarten. Das heißt aber noch lange nicht, daß gute Zuchttiere auch gute Nachkommen bringen müssen. Hündin und Rüde sollten ein gutes Nervensystem haben und von kräftigem Wuchs, das heißt mit einer guten Muskulatur ausgestattet sein. Scheue und ängstliche Dackel sollten nicht zur Zucht verwendet werden.

Im großen und ganzen erhalten alle Welpen die erblichen Anlagen ihrer Eltern. Es kann aber vorkommen, daß sich manche stärker durchsetzen und andere wieder überdeckt werden.

Mendel hat folgende Regel aufgestellt: *„Tragen die Kinder alle das Merkmal des einen Elternteiles an sich, so nennt man es dominant. Das unterdrückte Merkmal wird rezessiv genannt.“* – Es ist also von größter Wichtigkeit, sich vor der Wahl des Deckrüden dessen Nachkommen anzusehen. Jeder sollte sich aber davor hüten, nur den Deckrüden für den Zustand der Welpen verantwortlich zu machen. Ich vertrete den Standpunkt, daß die Hündin den Welpen 60 Prozent mitgibt von dem, was sie hat, und der Rüde den Rest. Jedenfalls: Es wird nichts daraus, wenn einer mit so einer mickrigen Hündin daherkommt und meint, der Rüde werde schon alles herausreißen.

Der Züchter muß sich im klaren sein, daß seine Hündin in ihrer Wesensart und im Gebäude auch tatsächlich seinen Zuchtzielen entspricht. Wenn ein Züchteranfänger selbst keinen Deckrüden hat und er glaubt, bei einem anderen Züchter den richtigen gefunden zu haben, dann prüfe er zuallererst, ob die Blutführung mit der Hündin ungefähr übereinstimmt, und erst in zweiter Linie sollte er nach den Titeln und Prüfungsergebnissen schielen, die auf der Ahnentafel stehen. Will der Züchteranfänger Fort- und Rückschritte beobachten, dann tut er gut daran, wenn er seine ersten Würfe länger als üblich in seinem Zwinger behält, denn die heranwachsenden Welpen lassen Mängel und Vorzüge

Oja, Appetit auf sie hätt ich schon!

im fortgeschrittenen Alter leichter erkennen. Wird dann die Paarung der Elterntiere als richtig erkannt, so kann in diese Richtung weitergezüchtet werden.

Nur auf einem solchen Wege kann eine Zucht zum Erfolg führen. Eines Tages werden diese Bemühungen auf Prüfungen und Ausstellungen belohnt, und wenn gute Jagdgebrauchshunde herauskommen, dann ist das auch nicht schlecht. Das alleine sollte das Ziel eines guten Züchters sein.

Paarungszeit und Deckakt

Die erste Hitze einer Hündin liegt ungefähr zwischen dem 6. und dem 8. Lebensmonat. Sie wiederholt sich in späterer Zeit alle sechs Monate. Abweichungen nach unten oder oben gibt es auch hier. Eine Hündin sollte nicht vor ihrer dritten Hitze gedeckt werden, und ein Rüde sollte nicht vor einem Alter von eineinhalb Jahren decken. Zu spät sollte der erste Deckakt auch nicht erfolgen, da mit zunehmendem Alter die Aufnahmebereitschaft abnimmt.

Die Hündin zeigt meistens in ihrem veränderten Wesen, wann die Hitze zu erwarten ist, weiters durch Anschwellen der Schnalle. Diesen Zustand nennt man auch die „Vorhitze". Das ist der Tag, an dem der aufmerksame Züchter die „Färbung" – das Blut – beachtet, um den genauen Decktag feststellen zu können. Im allgemeinen kann eine Hündin zwischen dem 10. und 13. Tag belegt werden. Der Höhepunkt der Hitze ist meistens der 11. Tag. Selbst eine geringe Zahl von Spermen bewirken dann eine Befruchtung. Den besten Zeitpunkt kann man feststellen, indem der Hündin mit der flachen Hand über den Rücken gestrichen wird. Wenn sie die Rute seitlich hält, dann ist es höchste Zeit, zum Rüden zu gehen. Es darf kein Zwang ausgeübt werden. Gelingt der Deckakt nicht sofort, dann ist die Hündin einfach noch nicht soweit.

Unter den Deckrüden gibt es welche mit mehr oder weniger Temperament. Von der großen Decklust bis zur Unlust, ja sogar einer vollkommenen Mißachtung der Hündin kann man alles antreffen. Auch unter den Hündinnen gibt es welche, die manche Rüden rigoros ablehnen. Es gibt Rüden, die haben eine ganz besondere „Technik", andere wieder sind völlig unbegabt, und sie können es auch für immer bleiben. Für einen jungen Rüden sollte auf jeden Fall eine erfahrene Hündin hergenommen werden, ebenso bei einer jungen Hündin ein erfahrener Rüde. Das soll ja anderswo auch sehr praktikabel sein.

Die Bereitschaft zum Decken muß natürlich bei beiden Seiten vorhanden sein. Der Zeitraum des Hängens – der Befruchtungsakt – kann sehr verschieden sein und von zehn Minuten bis zu einer halben Stunde dauern. Das Zusammenhängen von Hündin und Rüden muß nicht in allen Fällen Voraussetzung für eine Befruchtung sein.

Wenn der Züchter meint, daß ein zweiter Deckakt notwendig ist, dann sollte unbedingt ein Ruhetag eingelegt werden.

Die Hündin ist nach dem Deckakt noch 8 bis 10 Tage strengstens zu bewachen, damit kein „andersgearteter" Rüde zu ihr kommen kann und eine Fremdbefruchtung erfolgt, sonst geht es dem Züchter wie dem Forstgehilfen Oberleitner, der zu seinem Freund gesagt hat: „Meine Walli ist ein braves Hunderl, die hat gestern geworfen und mir neben einem Terrier und einem Bayerischen Gebirgsschweißhund auch noch zwei bildsaubere Kurzhaar-Dackel gebracht!“

Zum Abschluß dieses Kapitels sei noch einmal darauf hingewiesen, daß auf keinen Fall Zwang ausgeübt werden darf, weder auf die Hündin noch auf den Rüden. Eine wirklich mangelhafte Geschlechtsfunktion kann auch auf die Nachkommen übertragen werden.

Trächtigkeitsdauer

Die normale Trächtigkeit dauert 63 Tage. Sie beginnt mit der Befruchtung und endet mit der Geburt. Da der genaue Zeitpunkt der Befruchtung nicht exakt ermittelt werden kann, wird zur Berechnung des Zeitraumes der Tag der Belegung bis zum Tag der Geburt der Welpen gezählt. Eine Trächtigkeit kann aber auch nur 58 Tage oder aber auch 65 Tage dauern. Sollte nach mehr als 65 Tagen der Wurfakt nicht eintreten, so ist unbedingt der Tierarzt aufzusuchen.

Ein Einfluß auf die Trächtigkeitsdauer wegen eines gewissen Alters der Hündin oder gar ein Einfluß der Jahreszeiten konnte bis jetzt nicht nachgewiesen werden. Wenn eine Hündin zum ersten Mal wirft, dann kann eine längere Tragzeit als normal angesehen werden.

In der ersten Hälfte der Trächtigkeit sollte eine Wurmkur gemacht werden.

Ob eine Hündin aufgenommen hat oder nicht, zeigt sich leider erst in den letzten Wochen. Sie verändert dann ihr Wesen, der Bauchumfang wird größer, und die Milchdrüsen schwellen an. Es ist sehr schwer festzustellen, ob bei einer stärkeren Überschreitung der Tragzeit noch eine normale Geburt zu erwarten ist, das kann nur der Tierarzt feststellen.

Der nichtgewollte Deckakt

Wer hat es nicht schon erlebt: Die ganze Familie hat aufgepaßt, daß die Hündin nicht auskommt, wenn sie läufig ist, und trotzdem ist es eines Tages passiert. In den meisten Fällen war es dann noch irgend so eine Promenadenmischung, eine Kreuzung zwischen einem Spitz und einem Stiegengeländer. Die sind immer die schnellsten. – Es ist also passiert. Was ist zu tun?

Die heutige Tiermedizin ist so weit, daß kein Anlaß gegeben ist, in Panik auszubrechen. Die natürlichste Sache der Welt wäre es, die Hündin austragen zu lassen, die Welpen nach der Geburt heranzuziehen und in einem entsprechenden Alter an wirkliche Tierliebhaber, die keinen Rassehund brauchen, zu verschenken. Sonst gibt es nur den Weg zum Tierarzt, der mit einer Spritze eine Trächtigkeitsunterbrechung vornimmt. Diese Injektion ist für die Hündin ungefährlich, und sie hat auch keine Nachteile für spätere Würfe. Der Tierarzt muß allerdings sofort aufgesucht werden, denn nach einem Zeitraum von zehn Tagen und länger kann dieser für einen Erfolg nicht mehr garantieren.

Der Züchter kann beruhigt sein, auch wenn die reinrassige und mit den besten Papieren ausgestattete Dackelhündin einmal irgendwelche Bastarde zur Welt bringt, ist sie nicht verdorben. Sie bringt bei einer späteren „richtigen“ Paarung einwandfreie Dackel-Welpen zur Welt.

Wenn die Hündin in der Hitzeperiode von dem gewünschten Dachshund-Rüden gedeckt worden ist, und in dieser Periode erwischt sie dann auch noch eine Promenadenmischung, dann kommt ein Durcheinander von Welpen auf die Welt, die keine Freude machen.

Verminderte Fruchtbarkeit

Die Wurfstärke kann niemals vorausgesagt werden. Wurfstärke und Fruchtbarkeit stehen auch nicht in irgendeinem Zusammenhang. Auch die Zahl der erzeugten und befruchteten Eier ist nicht gleich die Zahl der lebenden Welpen bei der Geburt. Es muß damit gerechnet werden, daß eine gewisse Anzahl befruchteter Eier im Mutterleib absterben werden. So läßt zum Beispiel bei einer älteren Hündin die Wurfstärke nach. Eine verminderte Fruchtbarkeit kann auch auf Hormonstörungen zurückzuführen sein. Aber auch äußere Einflüsse, wie etwa Verletzungen, eine nicht artgerechte Haltung oder Fütterung, können die Ursache sein.

Bei unserem Dachshund liegt die Wurfstärke in der Regel niedriger als bei größeren Hunderassen, im Durchschnitt bei 3 bis 5 Welpen. Aber auch hier können gewaltige Unterschiede auftreten.

Mit zunehmender Kleinheit, wie beim Kaninchen- oder beim Zwerg-Dackel, ist die Wurfstärke kleiner.

Scheinträchtigkeit

Grundsätzlich sei darauf hingewiesen, daß irgendwelche Hilfsmittel, zum Beispiel Spritzen, eine Scheinträchtigkeit nicht verhindern; sie können der Hündin, ganz im Gegenteil, sogar großen Schaden zufügen.

Noch vor einem halben Jahrhundert war eine Hündin mit einer eingebildeten Trächtigkeit noch nicht sehr häufig. Heute bleibt dagegen kaum eine Hündin davon verschont. Besonders unser Dachshund gehört zu jenen Hunderassen, bei welchen die Scheinträchtigkeit sehr häufig vorkommt.

In den meisten Fällen tritt eine Scheinträchtigkeit nach der Hitze in Erscheinung, wenn eine Hündin nicht gedeckt wurde.

Als erstes schwillt das Gesäuge an, verschiedene Nester werden gebaut, alles, was zu zerreißen ist, wird vernichtet. Von Zeit zu Zeit kommt es zu einer Freßunlust bei der einen Hündin, eine andere wiederum kann nicht genug bekommen. Manche sind in dieser Zeit besonders bissig, andere wieder besonders scheu.

Bei einer leichten Schwellung des Gesäuges muß sich der Hundebesitzer wenig Sorgen machen. Ausgiebige Bewegung und auch Ablenkung von ihrem Getue – vor allem vom Nestbau – verhindern oft eine zu starke Milchbildung. Es gibt auch Hündinnen, bei denen tropft die Milch so richtig raus. Hier ist von einer Selbstbehandlung durch den Züchter abzuraten, ein Tierarzt kann da besser helfen. Es kann zu Entzündungen, Stauungen und sogar zu Verhärtungen kommen.

Im Laufe der Scheinträchtigkeit kann sich eine Erkrankung der Gebärmutter einstellen, zu erkennen an häufiger Wasseraufnahme. Auch blutiger oder brauner Ausfluß aus der Schnalle ist möglich. In so einem Fall ist immer der Tierarzt aufzusuchen!

Sollten nach der Hitze erhebliche Hormonstörungen auftreten, dann könnte unter Umständen eine operative Entfernung der Eierstöcke erforderlich sein.

Die einzige Möglichkeit, die ein Züchter bei Auftreten einer Scheinschwangerschaft hat, ist das Abwaschen des Gesäuges bzw. Umschläge mit Essigwasser.

Eine scheinträchtige Hündin ist während dieses Zeitraumes in den meisten Fällen weder für die Jagd, noch zur Ablegung von Prüfungen zu gebrauchen.

Ursachen für Sterilität

Die Ursachen einer Sterilität können sehr vielfältig und umfangreich sein.

Als erstes sind krankhafte Veränderungen der Geschlechtsorgane zu nennen.

Eine große Rolle spielen auch psychische Momente, zum Beispiel, wenn eine Hündin während der jagdlichen Ausbildung zu hart hergenommen wird.

Auch kann eine mangelhafte Hormonproduktion die Ursache sein.

In diesen Fragen kann der Laie nur sehr wenig ausrichten. Hier sollte unbedingt ein Tierarzt zu Rate gezogen werden.

Die Pflege der trächtigen Hündin

Es gibt Züchter, die erwarten ganz einfach, daß die Hündin nach Ablauf der Tragzeit einen ordentlichen Wurf auf die Welt bringt. In vielen Fällen wird die Pflege während der Trächtigkeit sträflich vernachlässigt, oder es wird überhaupt nichts getan. Dabei wird vergessen, daß gerade die Pflege der tragenden Hündin entscheidenden Einfluß auf den Zustand des zu erwartenden Wurfes hat.

Zum normalen Futter sollten zusätzlich lebensnotwendige Stoffe, wie Mineralien und Vitamine, gegeben werden.

Bei der Fütterung kann es vorkommen, daß eine Hündin von Zeit zu Zeit die Nahrungsaufnahme verweigert. Keinen Zwang ausüben, denn sie weiß selbst, was ihr gut tut und was nicht!

Während der Trächtigkeit muß die Hündin viel Bewegung haben, sie darf aber nicht überstrapaziert werden. Das Überspringen von zu großen Hindernissen ist auf jeden Fall zu vermeiden, da sich das negativ auf die Frucht auswirken und den Geburtsakt erheblich komplizieren kann.

Das tägliche Bürsten ist sehr wesentlich, da dadurch nicht nur das Fell gereinigt wird, sondern auch der Kreislauf und somit das Nervensystem werden positiv beeinflußt. Wegen der allgemeinen Reinigung der inneren Organe wurde bisher ein regelmäßiger Fastentag pro Woche eingelegt. Das sollte während der Tragzeit auf einen halben Tag pro Woche reduziert werden.

Ansonsten ist die Hündin so normal wie immer zu behandeln; jedoch muß man immer daran denken, daß sie mit der Trächtigkeit doch erheblichen Gemütsschwankungen unterworfen ist.

Der Wurfakt

Der Wurftag wird von der Hündin mit einigen Vorzeichen angesagt. Ungefähr einen Tag vorher ist sie voller hechelnder Unruhe, sie versucht alles, was dafür geeignet sein könnte, für einen Nestbau zu bekommen. Am Wurftag selbst nimmt die Hündin keine Nahrung mehr auf. Der aufmerksame Züchter wird feststellen, daß sich ihr Leib gesenkt hat. Ihre Körpertemperatur fällt von normal 38,2 bis 38,8 Grad auf rund 37 Grad. Das hat der gewissenhafte Züchter festgestellt, weil bei der Hündin die Temperatur im After gemessen wurde. Der Temperaturrückgang ist das sicherste Zeichen, daß die Geburt innerhalb der nächsten 24 Stunden bevorsteht. Ist das nicht der Fall, muß unbedingt der Tierarzt beigezogen werden.

All dies beschreibt den normalen Vorgang, aber es gibt natürlich auch hier Ausnahmen. Eine unserer Hündinnen hat bis zuletzt gefressen. Auf dieses Merkmal konnte ich mich also nicht verlassen. Ähnlich verhält es sich auch beim sogenannten Temperatursturz. Es gibt Hündinnen, die werfen schon unmittelbar nach dem Rückgang der Temperatur. Eine Hündin hatten wir, die warf erst nach dem 68. Tag. Selbstverständlich waren wir mit ihr beim Tierarzt, der uns versicherte, daß alles in Ordnung sei.

Die normale Geburt kündigt sich durch Preßwehen an. Das ist ein Vorgang, der folgendermaßen vor sich geht: Durch Zusammenziehen der Bauchdecke in unregelmäßigen Abständen wird ein gewisser Preßdruck erzeugt. Nach einer bestimmten Zeit zeigt sich an der Schnallenöffnung, die immer größer wird, zuerst die Fruchtblase, und in der darin enthaltenen Flüssigkeit „schwimmt“ sozusagen der Welpe, der außerdem noch in eine zweite Blase, den Fruchtsack, eingehüllt ist. Diese wunderbare Einrichtung von der Natur dient auch zum Schutz des Welpen vor irgendwelchen Stößen im Mutterleib.

Wenn die Fruchtblase infolge der Preßwehen ausgetreten ist, platzt sie sofort, und in dem Fruchtwasser wird der Welpe, immer noch umhüllt von dem Fruchtsack, auf die Welt gebracht. Diesen Fruchtsack beißt die Hündin in der Regel auf, und sie nabelt auch sofort ihren Welpen ab.

Die an der Nabelschnur hängende Nachgeburt frißt die Hündin in den meisten Fällen auf. Es kommen aber auch hier Ausnahmen vor, und zwar besonders dann, wenn es sich um größere Würfe handelt. Die „Masse" wird dann einfach zu groß, da sie ja nicht nur die Nachgeburt frißt, sondern vorher bereits die Eihaut und die Nabelschnur. Läßt die Hündin in diesem Fall etwas liegen, sofort zur Seite räumen, es ist nicht zum Nachteil, wenn die Hündin nicht alles schlucken muß!

Eine gute Hündin wird, nachdem sie den ersten Welpen aus dem Fruchtsack befreit und ihn abgenabelt hat, sofort stürmische Muttergefühle entwickeln. Mit großem Eifer putzt sie den Welpen, damit vor allen Dingen die Schleimhäute in der Nase frei werden. Bei dieser wiederum wichtigen Tätigkeit muß die Hündin vollkommen in Ruhe gelassen werden.

Der Vorgang der Geburt wiederholt sich so lange, bis der letzte Welpe heraußen ist. Im allgemeinen stößt die Hündin ihre Welpen in Abständen von einer Viertel- bis halben Stunde aus. Wenn sich nach Ablauf von ungefähr eineinhalb Stunden noch immer etwas tut, muß der Tierarzt gerufen werden.

Hündinnen, die zum ersten Mal werfen, stellen sich manchmal etwas dumm an. Wenn zum Beispiel die Hündin noch mit dem Putzen eines Welpen zu tun hat, oder sie ist von der gerade erfolgten Geburt noch so sehr erschöpft, daß sie nicht daran denkt, beim nächsten Welpen den Fruchtsack aufzubeißen, dann muß von Menschenhand nachgeholfen werden. Man muß die Haut aufreißen, damit der Welpe nicht erstickt, und wenn die

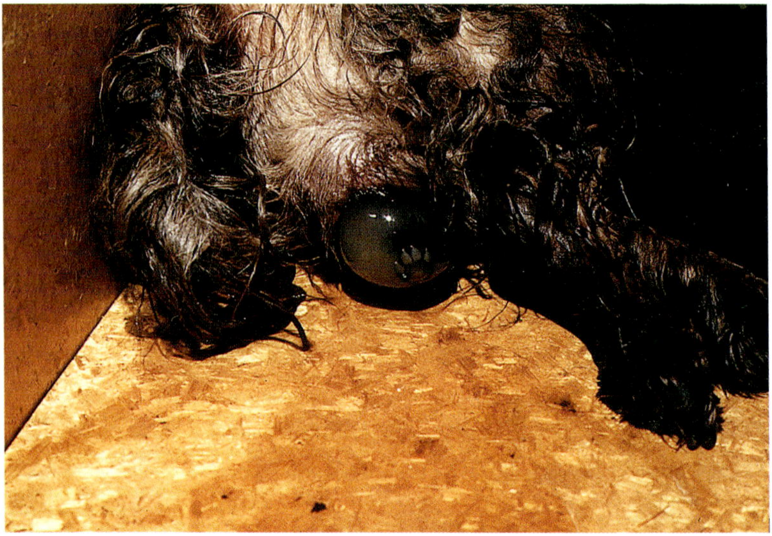

Hündin beim Werfen.
Die Fruchtblase tritt aus.

Die Hündin beißt die Fruchtblase auf
und nabelt anschließend ab.

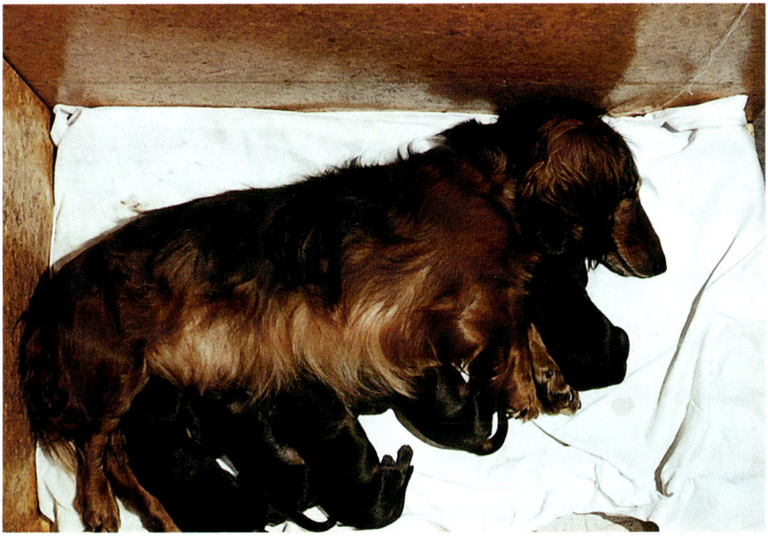

Es ist geschafft!
Worauf's jetzt ankommt, ist eine Ruhepause.

... und dieser Welpe hat sich den absoluten Spitzenplatz erobert!

Mutter nicht selbst abnabelt, so kann die Nabelschnur mit den Fingernägeln durchgezwickt werden. Dabei ist darauf zu achten, daß sie nicht zu kurz abgezwickt wird, ungefähr 3 bis 5 Zentimeter ist die richtige Länge.

Manche Züchter geben der Hündin zwischendurch verdünnten Bohnenkaffee, um einer Wehenschwäche vorzubeugen.

Nach dem Wurfakt, das heißt, wenn angenommen wird, daß alle Welpen da sind, tastet man den Leib der Hündin ganz vorsichtig ab, ob sie auch wirklich keine Frucht mehr drin hat. Es ist ratsam, noch einige Zeit bei der Hündin zu bleiben, um ganz sicherzugehen, daß alles wirklich zu Ende ist.

Wenn dann Ruhe ist, und Sie können zusehen, wie eine junge, vollkommen unerfahrene Hündin ihre Welpen versorgt: Es ist ein Wunder!

Geben Sie ihr jetzt ein gutes Futter und ruhig auch etwas Milch, sie wird alles mit einem Heißhunger vertilgen.

Erkrankungen nach dem Werfen

Die gefährlichste Erkrankung einer Hündin nach dem Werfen ist eine „Eklampsie“. Das Wort kommt aus dem Griechischen und heißt in etwa: „blitzartig“; was bedeuten soll, daß diese Krankheit blitzartig auftritt.

Meistens tritt die Krankheit bei Hündinnen auf, die zum ersten Mal werfen, und hier ist wiederum eine kleine Hunderasse, wie etwa unser Dackel, stärker betroffen. Da bei Eklampsie meistens Lebensgefahr besteht, muß ein Züchter über den Verlauf dieser Krankheit Bescheid wissen.

Das erste Anzeichen für einen bevorstehenden Anfall ist ein Streichen mit den Vorderläufen über Nase und Fang, so, als ob die Hündin etwas jucken würde. Als nächstes kann man Zuckungen von Muskelpartien feststellen. Betroffen sind besonders der Kopf, die Halspartie und die Schultermuskeln. Gleichzeitig zeigt die Hündin Unruhe und Angst. Als weitere Folge treten krampfartige Zuckungen der Läufe und Lähmungserscheinungen auf. Die Hündin kann ersticken.

Diese Anfälle treten meistens sehr kurz nach dem Werfen auf. Es kann aber auch vorkommen, daß die Krankheit erst nach 6 bis 8 Wochen auftritt. Treten solche Anfälle öfters auf, dann müssen die Welpen abgesetzt werden.

Eklampsie kann auch schon vor dem Werfen auftreten. Das alles kann man aber verhindern, indem man der Hündin in der Mitte der Tragzeit Kalkpräparate verabreicht und vom Tierarzt eine Calcium-Lösung. Beide Präparate gibt es in Tablettenform.

Fachleute sind sich über das Entstehen der Krankheit nicht ganz einig. Am ehesten wird wohl die Begründung zutreffen, daß diese Krankheit, mit dem plötzlichen Versagen des Organismus der Hündin, hervorgerufen wird durch höchste Beanspruchung, die wiederum auf die Dauer der Trächtigkeit und der Geburt zurückzuführen ist.

Auf eine andere, von vielen Züchtern mit der Eklampsie verwechselten Krankheit soll gleichfalls hingewiesen werden. Sie tritt etwa in der 3. bis 4. Säugewoche auf. Ihr Erscheinungsbild ist ähnlich wie jenes der Eklampsie. Hündinnen, die zwar mit Calcium und Vitaminen behandelt wurden, zeigten zwar für zwei oder drei Tage Besserung, dann war das Krankheitsbild aber wieder vorhanden, nämlich Hecheln, krampfhafte Zuckungen, und so weiter. Dieses Krankheitsbild verlor sich erst mit dem Absetzen der Welpen. Vom Tierarzt wurde festgestellt, daß dieses eklampsieähnliche Krankheitsbild mit dem starken Spulwurmbefall der Welpen zu tun hatte.

Die Hündin, die von ihren Welpen bekanntlich alles frißt, nimmt mit dem Urin und dem Kot der Welpen alle Stoffwechselgifte derselben auf. Diese giftigen Stoffe kommen in den Darm der Hündin und hindern diese, auf dem Verdauungswege die erforderlichen Calciummengen zu ergänzen. Die Folge ist ein radikales Absinken des Calciumspiegels, der durch die vorher verabreichten Tabletten nicht aufgefangen werden kann. Die Folge ist dann das beschriebene Krankheitsbild.

Es ist daher auf jeden Fall zu empfehlen, die Welpen bereits im Alter von zwei, drei Wochen auf ihren Wurmbefall zu testen, indem man ihnen die Hälfte der vorgeschriebenen Wurmpaste eingibt. Dieser Vorgang ist so lange zu wiederholen, und zwar täglich oder jeden zweiten Tag, bis keine Würmer mehr vorhanden sind. Anschließend sollte diese Kur in einwöchigem Abstand wiederholt werden.

Unvorhergesehene Zwischenfälle beim Werfen

Wenn eine Geburt normal verlaufen ist, so ist das nicht nur für die Hündin von Vorteil, auch der Züchter freut sich, wenn ein guter Wurf liegt, der ohne Komplikationen gebracht wurde. Es kann aber auch anders kommen.

Einer dieser Fälle ist zum Beispiel eine sogenannte Querlage. Diese Komplikation ergibt sich meistens, wenn die Hündin am 64. Tag zwar einen Temperatursturz hatte und weiter geschieht nichts oder wenn sie nach einer Zeit von 3 bis 5 Stunden nach Einsetzen der Wehen keinen Welpen ausgestoßen hat. Hier muß umgehend der Tierarzt geholt werden, der weiß immer einen Rat.

Wieder etwas anderes ist eine Wehenschwäche oder wenn ein Welpe zu stark ist und steckenbleibt. Eine Hündin stößt bekanntlich aus zwei sogenannten Geburtshörnern ihre Welpen abwechselnd aus. Es kann vorkommen, daß sich zwei Welpen gegenseitig behindern, wenn sie zur gleichen Zeit die Geburtswege erreichen. Auch in diesem Fall muß vom Tierarzt ein Welpe geholt werden. Die nachfolgenden Geburten verlaufen meistens wieder reibungslos.

In letzter Konsequenz gibt es dann den Kaiserschnitt. Eine Hündin, die durch Kaiserschnitt ihre Welpen gebracht hat, kann

Wurmpaste? Wir?? Igittigittigitt!!!

zwar wieder zur Zucht verwendet werden, wenn sich aber bei ihr solche schweren Geburten wiederholen und wieder auf einen Kaiserschnitt hinauslaufen, dann ist es nicht ratsam, mit ihr weiterzuzüchten.

Experten meinen, daß die Hündin schwere Geburten an ihre weiblichen Nachkommen weitervererben kann.

Aufzucht und Pflege der Welpen

Die Wurfkiste, in der die Hündin mit ihrem Wurf untergebracht ist, sollte grundsätzlich im Halbdunkel stehen. Diese Maßnahme – und überhaupt ein ruhiger Platz – ist aber nicht nur für die Welpen, sondern auch für die Mutterhündin notwendig, denn je mehr die Hündin in Ruhe gelassen wird, desto besser ist es für den Wurf.

Der Züchter muß die Hündin in den ersten Wochen mit reichlichem und nährstoffhaltigem Futter versorgen. In den ersten Tagen nach dem Werfen sollte die Kost leicht abführend sein, damit die Hündin die Gifte, die sie durch die Welpen aufnimmt, schneller ausscheiden kann.

Eine gesunde Hündin ist bis in etwa der vierten Woche unermüdlich dabei, ihre Welpen zu ernähren und zu pflegen. Sie versucht während dieser Zeit, die Wurfkiste peinlichst sauber zu halten, was ihr nicht immer gelingt, besonders wenn es ein großer Wurf ist. Hier ist der Züchter gefragt, der für peinlichste Sauberkeit sorgen muß. Viel mehr Welpen sterben wegen einer schmutzigen Behausung als durch Krankheit.

Unbedingt zu beachten ist, daß sofort nach der Geburt die Welpen auf Mißbildungen untersucht werden, soweit zu diesem Zeitpunkt bereits erkennbar. Afterklauen sind spätestens nach acht Tagen zu entfernen. Andere Fehler, wie zum Beispiel Gebiß- oder Hodenfehler, sind erst viel später feststellbar.

Entwöhnung der Welpen

Es ist nicht möglich, einen Zeitplan oder etwa genaue Regeln für die Entwöhnung der Welpen aufzustellen. Manche Züchter machen sogar einen Unterschied zwischen den einzelnen Welpen, und das halte ich nun wirklich für übertrieben.

Angefangen wird so um die vierte Lebenswoche. Es ist unerläßlich, daß die Welpen von Anfang an an genau einzuhaltende Fütterungszeiten gewöhnt werden. Die Mahlzeiten werden von Woche zu Woche um eine gesteigert, zuletzt kann in kleinen Portionen bis zu sechs Mal am Tag gefüttert werden. Mit der Steigerung der Anzahl der Mahlzeiten wird die Mutterhündin mehr und mehr entlastet.

Viele Züchter machen den Fehler, mit der Entwöhnung zu eilig vorzugehen. Da spielt dann auch der Gedanke mit, je eher man die Welpen entwöhnt hat, desto eher kann man sie verkaufen. Der gewissenhafte Züchter wird sich Zeit lassen, weil Darm und Magen von jungen Fleischfressern – und dazu gehört schließlich auch unser Dachshund – bis mindestens zur vierten Lebenswoche auf die Verdauung von Muttermilch eingerichtet ist.

Hündinnen, welche sehr natürlich aufgezogen worden sind, geben im allgemeinen viel Milch, und sie haben den Wunsch, ihre Welpen bis in die achte Woche selbst zu versorgen. Bis zu diesem Zeitpunkt sollte der Züchter die natürliche Veranlagung nur geringfügig unterbinden.

Wenn eine Wurfkiste so gebaut ist, daß sich die Hündin ab und zu von ihren lästigen Kindern absetzen kann, dann reguliert sich die Sache mit der Entwöhnung ohnehin von selbst.

Ganz richtig: Mit einem ordentlichen Futter steht und fällt unsere Entwicklung!

Fütterung der Welpen

Die wohl wichtigste Frage für einen Züchter ist die richtige Ernährung seiner Dackel-Welpen, denn mit dem Futter steht und fällt deren Entwicklung.

Trotz der auf dem Markt befindlichen Fertigfutter, die zum großen Teil ausgezeichnet sind, sollte ab und zu angekochtes Rindfleisch verfüttert werden – und welcher Hund frißt nicht gerne ab und zu so ein richtig großes Stück Rinderpansen?

Ein Wort noch zum Thema Fertigfutter: Es gibt hier welche, die ganz ausgezeichnet gemischt sind, das heißt, sie sind mit genügend Nährstoffen angereichert. Andere dagegen sind reine Magenfüller mit wenig oder gar keinem Nährwert für den Welpen. Hier ist also unbedingt auf die Inhaltsbeschreibung zu achten, vorausgesetzt, daß die Angaben auch stimmen.

Aufzucht mutterloser Welpen

Es kann vorkommen, daß unsere Dackel-Welpen mutterlos aufgezogen werden müssen. Die Gründe dafür sind vielseitig: Die

Hündin kann die Geburt nicht überstanden haben, oder an ihr wurde ein Kaiserschnitt vorgenommen, oder sie hat zu wenig Milch.

Es ist immer eine mühselige Arbeit, die nicht nur viel Geduld erfordert, sondern es gehört auch Glück dazu, wenn man alle Welpen durchbringt. Mutterlose Welpen müssen alle zwei Stunden gefüttert werden, und zwar Tag und Nacht.

Es müssen Fläschchen mit Schnuller angeschafft werden. Als Nahrung eignet sich jedes Baby-Milchpulver, das entsprechend verdünnt werden muß. Falls man sich irgendwo unsicher ist: Der beste Weg ist der zum Tierarzt, denn der hilft in allen Fällen.

Der Idealfall ist natürlich eine Amme, und da können wiederum die Spezialvereine helfen.

Bevor man überhaupt an die Aufzucht mutterloser Welpen denkt, sollten in jedem Fall die folgenden zwei Fragen geklärt sein:

1. Wo kann ich am schnellsten das entsprechende Nährpräparat herbekommen?
2. Wie kann ich die ständige Warmhaltung der Welpen sicherstellen?

Kritisch sind die ersten vierzehn Tage, da sich die Welpen nur sehr schwer an den künstlichen Sauger gewöhnen, sie suchen ständig nach den Zitzen der Mutter. Dieser Zeitraum erfordert die meiste Geduld.

Für die Warmhaltung der Welpen ist am besten ein Infrarotstrahler, wie er für die Schweinezucht verwendet wird. Das Lager für die Welpen muß sehr klein gehalten werden, zumindest da, wo gewärmt wird, damit die Welpen sehr eng aneinander liegen und sich gegenseitig wärmen können. Am Anfang ist eine Temperatur von rund 32 Grad Celsius zu empfehlen. Die Welpen regulieren ihren Wärmebedarf von selbst, indem sie sich in Abständen von der Wärmestelle entfernen und bei Bedarf wieder hinkrappeln.

Die Arbeit, die normal die Hündin übernimmt, nämlich durch Massieren den Welpen zur Entleerung seines Darmes und seiner Blase zu bewirken, muß nun der Züchter übernehmen. Durch leichtes Reiben an der Analgegend und an der Unterseite des Bauches wird der Welpe zum Lösen angeregt. Normalerweise entleert sich die Blase, nicht dagegen der Darm. Um das zu erreichen, kann vom Tierarzt mit etwas Vaseline, die ganz vorsichtig ein wenig in den After eingeführt wird, nachgeholfen werden.

Aus all dem mag man ersehen, daß die Aufzucht von mutterlosen Welpen nicht ganz einfach ist. Wichtig ist vielleicht noch, daß, wenn möglich, immer dieselbe Person die Welpen füttern sollte, denn die Kleinen gewöhnen sich schnell an ihre, na sagen wir einmal, „Ersatzmama“, denn meistens sind es doch unsere Frauen, die diese schwierige Aufgabe übernehmen.

Krankheiten

Erkennen und Vorbeugen

Unser Dackel kann uns keinen Hinweis geben, wenn er sich krank fühlt oder wenn irgendwas im Anmarsch ist. Der Mensch, der intensiv mit seinem Vierbeiner lebt, wird sehr schnell an seinem Benehmen merken, wenn etwas nicht stimmt. Er löst sich zum Beispiel nicht mehr normal, seine Augen und sein Fell werden glanzlos, oder er nimmt sein Fressen nicht an.

Bei einem Rüden kann eine Freßunlust auch daher kommen, weil er eine läufige Hündin aus der Nachbarschaft im Auge hat. Dann ist er zwar auch „krank", aber nur vor lauter Liebe.

Genau wie bei uns Menschen, kann auch beim Dackel der Puls gefühlt werden. Normalerweise sollte er einen Pulsschlag von rund 70 bis 85 Schlägen haben. Fühlen kann man den Puls, wenn man dem Hund auf der Seite des Herzens unter die Vorhand greift. Wenn also unser Freund einen gleichmäßigen Puls hat, dann ist nichts zu befürchten. Wenn er aber unregelmäßig ist, dann ist eine Störung des Kreislaufes vorhanden. Ein nur schwer vernehmbarer Puls ist vielleicht ein Hinweis auf eine Vergiftung. Dann heißt es: Sofort zum Tierarzt!

Ein wichtiger Schutz und eine unabdingbare Vorbeugemaßnahme sind die Impfungen, die bereits im Welpenalter beginnen und in regelmäßigen Abständen wiederholt werden müssen. Heutzutage gibt es gegen fast alle Krankheiten einen Impfstoff, denn gerade die Tiermedizin ist in ihrer Forschung sehr weit.

Eine sehr wichtige vorbeugende Maßnahme ist auch das Sauberhalten des Lagers oder des Zwingers.

Sinn jeglicher vorbeugender Maßnahmen ist es, daß Krankheiten verhindert werden, bevor sie auftreten und vielleicht für immer Schäden zurücklassen. Nirgendwo sonst bewahrheitet sich der Spruch mehr: Vorbeugen ist besser als heilen!

Wie wird Temperatur gemessen?

Unser Dachshund hat eine Normaltemperatur von 37,5 bis etwas über 38 Grad Celsius. Die Temperatur wird mit einem normalen Fieberthermometer gemessen, und die Sache geht folgendermaßen vor sich: Das Thermometer wird zuerst mit einer Flüssigkeit, sei es Wasser mit einem bißchen Seife, noch besser wäre Hautöl, präpariert. Dann wird das Gerät vorsichtig in den After eingeführt, und dort verbleibt es rund eineinhalb bis zwei Minuten. Stellt man dabei Fieber fest, dann gibt es nur eines: den Weg zum Tierarzt. Denn der weiß über alles viel besser Bescheid als wir.

Wie werden Arzneimittel gegeben?

Die leichteste Methode ist im allgemeinen die: Man mischt die vom Tierarzt verschriebenen Tropfen, Pulver oder Tabletten ins Futter. Tabletten werden besser zerkleinert, denn da gibt es Schlaumeier unter unseren Dackeln, die spucken sie garantiert heraus.

Der Tierarzt bevorzugt meistens die Injektion und weiß auch, wie man mit einer Spritze umgeht. Selber „Doktorspielen“ und spritzen wollen, das sollte man lieber bleiben lassen!

Beim direkten Verabreichen von Tabletten oder Kapseln wird es schon schwieriger. Manchmal geht das ohne etwas Zwang nicht. Leberwurst ist da sehr gut. In diese „wickelt“ man die Tablette, da schluckt unser Freund dann ganz schnell.

Ansonsten muß versucht werden, die Tablette so weit wie möglich in den Rachen zu schieben, und anschließend muß der Fang gut zugehalten werden, bis der Hund geschluckt hat. Genauso geht man mit flüssigen Arzneimitteln vor. Dazu am besten seitlich die Lefzen ein wenig anheben und versuchen, dort die Tropfen hineinzubringen; dann den Fang wieder zuhalten, bis der Dackel geschluckt hat.

Die einzelnen Krankheiten

Auch wenn alle vorbeugenden Maßnahmen getroffen wurden, so kann es trotzdem sein, daß unser vierbeiniger Freund eines Tages von einer Krankheit befallen wird. Ist das nun tatsächlich der Fall, dann muß vor jedem Selbstkurieren abgeraten werden. Selbstdiagnose bis zu einem gewissen Grade ja, aber sonst bitte nichts!

Wenn nun verschiedene Krankheitsbilder aufgezeigt werden, dann soll dies bloß für den Dackelfreund eine kleine Hilfe sein, mehr nicht. Ziel meiner nun folgenden Ausführungen soll es sein, daß der Dackelbesitzer mehr Verständnis für die gesunde Erhaltung seines Vierbeiners aufbringt und daß er mit seinem Tierarzt erfolgreich zusammenarbeitet.

Dackellähme

Eine schlimme Krankheit für unseren Dackel ist die Dackellähme. Sie befällt, wie der Name schon sagt, hauptsächlich unseren Dackel, am häufigsten im Alter zwischen dem 5. und dem 10. Lebensjahr, wobei ältere Dackel stärker erkranken. Ob Rüde oder Hündin spielt bei dieser Krankheit keine Rolle. Meist erkrankt der Hund schlagartig, hervorgerufen durch Sprünge, Treppensteigen und anderes mehr. Diese Meinung vertreten die einen, andere behaupten wiederum, daß das alles nicht in einem ursächlichen Zusammenhang damit steht. Diese Krankheit ist nach Auffassung der zweiten Gruppe auf eine Veränderung der Wirbelsäule, die bekanntlich bei unserem Dackel sehr lang ist, zurückzuführen und sei altersbedingt.

Eine erfolgreiche Behandlung ist nur in den seltensten Fällen möglich, da bei Befall bereits die Zersetzung der Nervenzellen im Rückenmark begonnen hat.

Die Erscheinungsbilder können verschieden sein. Treten zum Beispiel die Veränderungen im Bereich der Halswirbelsäule auf, so zeigt unser Dackel vorerst nur eine Verkrampfung der Halsmuskulatur. Ein schleppender und schwankender Gang, ein dicker Hals und eine schmerzliche Reaktion des Hundes bei der geringsten Berührung und offensichtliche Schmerzen beim Fressen sind die sichersten Zeichen. Wenn der Hund in diesem Frühstadium sofort zum Tierarzt gebracht wird, ist eine Heilung noch möglich. Lähmungserscheinungen gibt es bei dieser Art von Dackellähme praktisch nicht.

Wenn dagegen der Bandscheibenvorfall zwischen dem letzten Brustwirbel und dem ersten Lendenwirbel zu suchen ist, so zeigt sich die Krankheit in einer Verhärtung der Bauchdecke, in einem steifen Gang und in Schmerzen im Bereich der Wirbelsäule, gleich hinter dem Brustkorb. Unser Dachshund zeigt uns dieses Stadium an, indem er sich weigert, Treppen zu steigen. Es erfolgt binnen kurzem eine Lähmung der ganzen hinteren Körperhälfte, und es fehlt dem Hund in diesem Körperteil jegliches Gefühl.

Oberstes Gebot ist dann eine absolute Ruhigstellung des Hundes. Es muß auf jeden Fall ein Herumkriechen – die vordere Körperhälfte ist ja noch intakt – verhindert werden. Eine regelmäßige Harn- und Kotentleerung kann vorerst nur der Tierarzt vornehmen.

Es muß an dieser Stelle in aller Offenheit gesagt werden: Eine spezifische Behandlung und eine echte Heilung gibt es dann nicht mehr. Trotzdem können Dachshunde sich auch von selbst wieder regenerieren und noch sehr alt werden.

Staupe

Die Staupe ist zwar in letzter Zeit nicht mehr so häufig aufgetreten, dank der sehr guten Impfstoffe, trotzdem muß unser Dackel auch in dieser Hinsicht beobachtet werden.

Die Staupe wird durch einen Virus hervorgerufen, von dem es verschiedene Arten gibt. Von der Ansteckung bis zum Ausbruch der Krankheit dauert es rund 2 bis 3 Wochen. Drei Verschiedene Formen können sich bilden:

1. die Magen- und Darmstaupe, bei welcher der Hund erbricht und Durchfall bekommt;
2. die katarrh-ähnliche Form, auch „klassische Staupe" genannt: die Augen des Hundes sind mit einem eitrigen Sekret verklebt, die Bindehäute hochrot; aus der Nase kommt ein gelbschleimiger Ausfluß, trotzdem ist der Nasenschwamm trocken und rissig;
3. die Hartballenstaupe, in deren Verlauf an Ballen und Nasenspiegel eine Anhäufung von Hornsubstanz auftritt.

Die Anfangssymptome sind bei allen Staupearten gleich: zuerst verminderte Freßlust und ein Temperaturanstieg auf 39,5 bis 41 Grad. Diese Anfangserscheinungen werden leider häufig zu wenig beachtet, dabei könnte gerade in dieser Zeit die Verabreichung eines Staupe-Serums erfolgreich wirken. Wird die Krankheit nicht behandelt, erhöht sich nach 7 bis 12 fieberfreien Tagen erneut die Temperatur, und die Folge sind wieder die vorhin beschriebenen Symptome.

Tollwut

Bei der Tollwut handelt es sich wohl um die gefährlichste Krankheit, die unseren Dachshund treffen kann. Gegen die Tollwut, Dackellähme und die Leptospirose, die noch beschrieben wird, gibt es eine Breitbandimpfung, durch welche unser Hund gegen diese drei fürchterlichen Krankheiten geschützt ist. Die erste Impfung sollte in der 7. Lebenswoche erfolgen.

Entscheidend ist: Rechtzeitig impfen und Wiederholungsimpfungen nicht vergessen!!

Die Tollwut ist eine Krankheit, die durch einen Virus hervorgerufen wird. Sie ist hochansteckend, auch für den Menschen. Sie kann als die gefährlichste Krankheit bezeichnet werden, und sie befällt alle Warmblüter.

Die Tollwut kann sich bei unserem Dackel unterschiedlich bemerkbar machen. Da gibt es die sogenannte „stille" Wut, der Hund wird teilnahmslos, unruhig und bissig. Oder es handelt sich um die „rasende" Wut, die sich in verstärkter Unruhe und im Drang zum Davonlaufen zeigt. Im allgemeinen wird der Hund sein Futter nicht mehr beachten, er beißt in Fremdkörper, wie etwa in Holz oder Steine.

Die Übertragung erfolgt durch Biß, und zwar durch den Speichel, der dabei in die verursachte Wunde gelangt. Zwischen der Ansteckung und dem Ausbruch der Krankheit vergehen in der Regel 4 bis 6 Wochen. Im Endstadium treten Lähmungserscheinungen auf. Zuerst kann der Hund den Unterkiefer nicht mehr bewegen, mit der Zeit fängt er an zu taumeln, und bevor er endgültig eingeht, vermag er sich nicht mehr auf den Läufen zu halten.

Gegen die Tollwut gibt es nur die vorbeugende Impfung, aber keine Heilung.

Leptospirose

Die Leptospirose ist eine Krankheit, die auch auf den Menschen übertragen werden kann. Sie tritt vermehrt im Herbst und im Winter auf und befällt Rüden häufiger als Hündinnen. Eine Übertragung erfolgt von Hund zu Hund, vorwiegend durch Beschnüffeln der Genitalien oder durch Stellen, die vom Hunde-Urin verunreinigt worden sind.

Die Ansteckung des Menschen erfolgt direkt durch den Hund, und schon das Aufwischen des infizierten Urins genügt, um Schrunden an den Händen zu erzeugen – Grund genug, um auf diese Krankheit ein wenig ausführlicher einzugehen.

Zwei unterschiedliche Krankheitsformen gibt es:

- Die eine ist die ohne Gelbsucht verlaufende, die sich durch eine fieberhaft ansteigende, jedoch bald wieder absinkende Körpertemperatur, durch Erbrechen, große Hinfälligkeit, vermehrten Durst, üblen Geruch aus dem Maul, braunrote Färbung der Lid-Bindehäute, Geschwüre auf der Zungen- und Maulschleimhaut, große Schmerzen am Hinterleib, blutigen Durchfall und durch Schlafsucht bemerkbar macht. Unser Dackel magert sehr schnell ab und stirbt nach 4 bis 8 Tagen.
- Die mit Gelbsucht verlaufende Krankheitsform zeigt die Erscheinungen wie die erste, mit dem Unterschied, daß die Schleimhäute und die äußere Haut gelb gefärbt sind. *Achtung!* Ansteckungsgefahr für den Menschen!

Eine frühzeitige Behandlung durch den Tierarzt mit Hilfe von Antibiotika kann den Hund schlagartig heilen.

Starrkrampf

Der Starrkrampf wird beim Tier wie beim Menschen durch denselben Erreger verursacht. Eine Infektion erfolgt durch das Eindringen von bakterienhaltigem Schmutz in Blut und Gewebe. Er zeigt sich in den meisten Fällen in einem steifen, stelzenartigen Gang des Hundes, in einer gestreckten Kopfhaltung, in einem ängstlich starren Blick und in gesteigerten Reflexbewegungen.

Es gibt zwei Arten von Starrkrampf: den reinen Wundstarrkrampf und den traumatischen Starrkrampf. Der erstere zeigt sich nach Rißwunden, die auch schon verheilt sein können, und der toxische Starrkrampf ist die Folge einer Strychnin-Vergiftung, um nur zwei Beispiele zu nennen.

Nur wenn der Starrkrampf rechtzeitig erkannt wird, besteht Aussicht auf eine Rettung. In fortgeschrittenem Verlauf ist eine Heilung nicht möglich. Vorgebeugt wird durch Impfung.

Der Ohrwurm (Ohrenzwang)

Unter dem Ohrwurm verstehen wir eine Entzündung des äußeren Gehörganges. Im Volksmund wird diese Krankheit auch „Ohr(en)-zwang“ genannt.

Diese Entzündung entsteht vielfach durch Zugluft und durch das Eindringen von Fremdkörpern, und erst recht durch Wasser. Anfällig sind vor allem Hunde mit langen Behängen, und dazu gehört unser Dackel.

Die Beschwerden zeigen sich in Form von Juckreiz und darauffolgenden Schmerzen im betroffenen Ohr. Wenn das Trommelfell bereits in Mitleidenschaft gezogen ist, folgt meist eine Mittelohr-Entzündung.

Diese Krankheit kann nur der Tierarzt heilen. Wir können vorbeugen, indem wir unserem Hund regelmäßig die Ohren reinigen und anschließend mit einem guten Desinfektionspuder einpudern.

Nierenerkrankungen

Ältere Dackel – die Hündinnen neigen besonders dazu – leiden oft an Nierenentzündungen. Eine solche Entzündung kann zur Nierenschwäche und letzten Endes zu einer Nierenschrumpfung führen.

Eine der Ursachen für eine Nierenentzündung kann eine frühere Erkältung sein. Der Hund war im kalten Wasser, wurde anschließend nicht richtig trockengerieben, oder er konnte sich nicht trockenlaufen. Erste Anzeichen sind ein vermehrter Durst und Schwierigkeiten beim Wasserlassen.

Bei den ersten Anzeichen sofort einen Tierarzt aufsuchen!

Gebiß- und Rachen-Erkrankungen

Parodontose ist eine Zahnkrankheit, die auch bei unserem Dachshund vorkommt. Vorbeugen kann man, indem rechtzeitig

Nierenerkrankungen? Was es nicht alles gibt!

und regelmäßig zum Tierarzt gegangen wird, damit dieser den Zahnstein entfernen kann.

Weniger häufig kommt bei unserem Dachshund die Zahnfäule (Karies) vor.

Eine weitere Gefahr für die Zähne ist deren Verletzung durch Knochenreste oder andere Fremdkörper. In den meisten Fällen zeigt uns unser Dackel an, wenn er einen Fremdkörper in seinem Rachen oder in den Zähnen stecken hat.

Erkrankung der Atemwege

Auch unser Dachshund kann einen Husten, eine Mandelentzündung, eine Lungenentzündung oder eine Bronchitis bekommen. Ein Hund, der seinen täglichen Auslauf hat, ist weniger anfällig.

Wenn es trotzdem vorkommt, dann hilft auch hier nur der Gang zum Tierarzt.

Analbeutel-Entzündung

Wir alle kennen bei unserem Dackel das sogenannte „Schlittenfahren“; das ist eine Folge von der Nicht-Entleerung der Analdrüsen.

Diese Analdrüsen liegen links und rechts vom After. Meistens scheiden sie ihre Flüssigkeit mit dem Kot aus. Auf jeden Fall sollte ihre Entleerung automatisch stattfinden.

Mit diesem Vorgang setzt der Hund seine „Duftmarke“. Wenn wir unsere Hunde beobachten, werden wir feststellen, daß sie sich zuerst in der Gegend des Afters beschnüffeln. Wenn sich die Analdrüsen nicht rechtzeitig entleeren, kann es zu einer Entzündung kommen.

Vereiterung und Abszeßbildung können die Folge sein.

Was tun? – Zum Tierarzt gehen!

Vergiftungen

Eine Vergiftung schaut in den meisten Fällen zuerst wie eine schnell verlaufende Infektionskrankheit aus. Meistens sind die ersten Anzeichen Erbrechen und Durchfall. Es können aber auch – je nachdem, was unser Hund erwischt hat – Krämpfe und ausgedehnte Blutausscheidungen auftreten.

Wenn sich der Hund erbrechen muß oder Durchfall hat, dann ist das bereits der erste Reinigungsvorgang. Auf jeden Fall aber den Tierarzt aufsuchen, da derartige Anzeichen auch der Anfang vom Ende sein können.

Bindehaut-Entzündung

Bekanntlich werden unsere Dackel-Welpen blind geboren. Wenn sie dann nach 10 bis 12 Tagen sehen können, wird ihre Sehkraft doch eine ganz andere sein als die des Menschen. Trotzdem sind die Augen unseres Dachshundes genauso kompliziert, wie die des Menschen.

Das erste Merkmal, daß mit den Augen unseres Hundes etwas nicht in Ordnung ist, ist ein Tränen des Auges, und als nächstes wird er versuchen, das in Mitleidenschaft gezogene Auge mit der Pfote zu reiben.

Da die Augen unseres Dackels aufgrund seiner Bodennähe besonders gefährdet sind – Staub, Insekten, Gräser, usw. –, kann eine Bindehaut-Entzündung sehr schnell auftreten. Ein großes Übel sind offene Autofenster, hier kann der Hund seinen Kopf richtig in Fahrtrichtung hängen, Entzündungen sind die Folge.

Auch bei Augenverletzungen: schleunigst zum Tierarzt!

Knochenbrüche

Ob ein Bruch vorhanden ist, kann nur mit einer Röntgenaufnahme festgestellt werden. An Ort und Stelle gibt es nur eine Hilfe, und das ist der Versuch, das verletzte Glied zu schienen – und dann ab zum Tierarzt!

Ähnlich verhält es sich auch bei Verrenkungen und Verstauchungen. Selbsthilfe, wie etwa der Versuch von Einrenkungen, sind zwecklos, außerdem wird sich der Hund das ohnehin nicht bieten lassen.

Hitzschlag

Auch unser Dachshund kann vom Hitzschlag betroffen sein, und ganz besonders ältere Tiere. Hier seien vor allem die verantwortungslosen Autofahrer angesprochen, die ihren Vierbeiner im völlig verschlossenen Vehikel in der prallen Sonne auf einem Parkplatz rösten lassen.

Erste Hilfe beim Hitzschlag ist das Verbringen des Tieres an einen kühlen Ort und der sofortige Gang zum Tierarzt.

Hundebiß

Oft läßt es sich nicht vermeiden: Zwei unserer lieben Dachshunde gehen aufeinander los, oder unser kleiner Freund wird von einem größeren Hund angefallen.

Die dabei entstehenden Verletzungen sind meistens Rißwunden; sie können auch einmal sehr großflächig ausfallen. Erste Hilfe leistet man durch einen Verband, und dann sofort zum Tierarzt! Denn die Gefahr einer Infektion ist groß, und der Weg zu einem Wundstarrkrampf nicht weit.

Die Pflege

Augen

So mancher Dackelbesitzer wird schon festgestellt haben, daß bei seinem Hund die Augen tränen. Die Ursachen können unterschiedlicher Natur sein.

Besonders der junge Dackel ist für Augenentzündungen ziemlich empfänglich. Der Grund für die Entzündung kann die kalte, windige Jahreszeit sein. Auch in der Zeit der Blüte kann der Dackel, da er ja – Augen ganz nah beim Boden – durch die Wiesen streift, sich etwas an den Augen holen.

In den meisten Fällen handelt es sich um keine ernsthafte Erkrankung, und man kann mit regelmäßiger Pflege für Abhilfe sorgen, etwa, indem man die Augen des Hundes mit einer Lösung, die man in jeder Apotheke bekommt, täglich auswäscht.

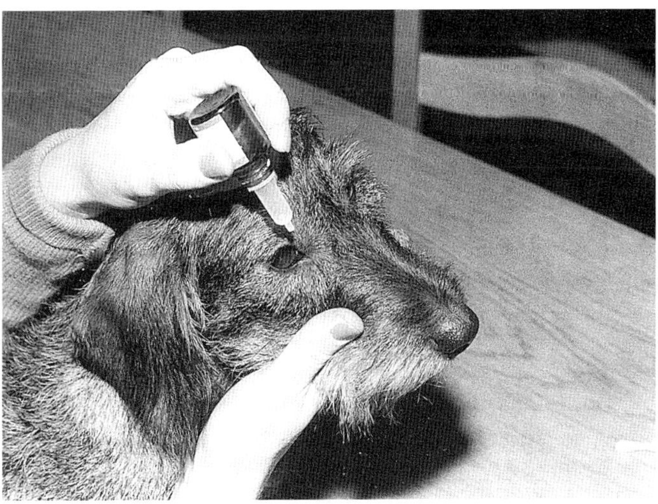

Das Augenlid wird ein wenig heruntergezogen und die Flüssigkeit eingeträufelt.

Eine Kamillentee-Tinktur ist dazu nicht geeignet, da sich in dieser immer noch kleine Staubteilchen befinden können. Der Wirkstoff der Kamille ist zwar sehr gut, aber wenn, dann nur eine hundertprozentig gereinigte Tinktur aus der Apotheke.

Das Augenlid des Dackels wird bei der Reinigungsprozedur ein wenig herabgezogen und die Flüssigkeit eingeträufelt.

Gebiß

Unser Dackel kommt, wie alle Säugetiere, ohne sichtbare Zähne zur Welt. Die Ansätze der Zähne sind zwar schon im Kiefer vorhanden, sie brechen aber erst später durch, etwa im Alter von 4 Wochen. Zuerst kommen die Eckzähne zum Vorschein, ein wenig später dann die anderen Milchzähne.

Der Wechsel vom Milchgebiß zum vollständigen Gebiß erfolgt ungefähr im 5. Monat, und mit Ende des 6. Monats ist der Zahnwechsel abgeschlossen.

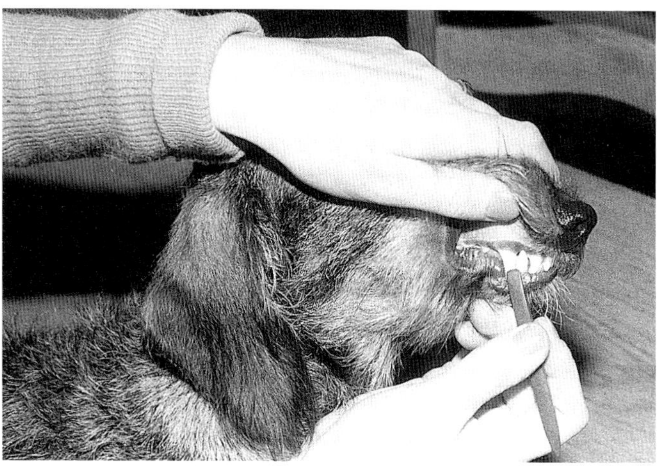

Zahnstein wird am besten vom Tierarzt entfernt.

Mit den Jahren erweitert sich der Abstand zwischen den einzelnen Zähnen, und es nützen sich besonders die Fang- und die Backenzähne zuerst ab. Eine derartige Veränderung am Hundegebiß können wir erkennen, wenn er älter wird.

Mit der Fütterung von hartem Hundekuchen können wir schon etwas für die Zahnpflege tun, aber trotzdem nicht vermeiden, daß sich Zahnstein bildet. Diesen Zahnstein kann am besten der Tierarzt entfernen; wenn wir selbst daran herumpfuschen, wird in den meisten Fällen das Zahnfleisch verletzt, und das kann zu Entzündungen führen.

Ohren

Unser Dackel gehört bekanntlich zu den hängeohrigen Hunden. Er ist daher gegen einschlägige Krankheiten empfindlich, und ganz besonders in den Gehörgängen. Eine Pflege ist daher unumgänglich.

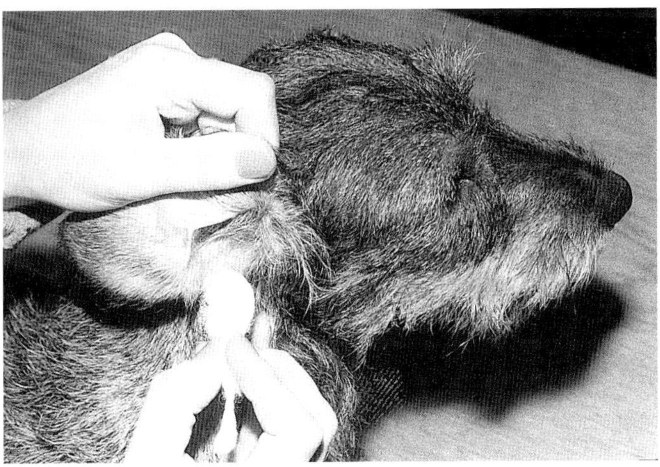

Mit einem in Baby-Öl getränkten Wattestäbchen
wird das Ohr vorsichtig gereinigt.
Dann wird gepudert.

Die im Handel befindlichen Wattestäbchen sind dafür bestens geeignet. Eines dieser Wattestäbchen wird in Baby-Öl getränkt und in den Gehörgang eingeführt. Durch vorsichtiges Drehen kann nun der Schmutz entfernt werden. Dabei muß beachtet werden, daß das Wattestäbchen nicht zu tief in den Gehörgang eingeführt wird, da es sonst Verletzungen geben könnte. Im Anschluß sollte das Ohr leicht mit Baby-Puder eingepudert werden. Und Sie werden sehen: Ihr Dackel hält bei dieser Tätigkeit ruhig, denn diese Art von Pflege hat er nämlich am liebsten.

Schlechte Eigenarten...

...und wie man sie dem Dackel (vielleicht) abgewöhnt

Ein Satz muß diesem Kapitel vorneweg stehen: Es gibt Dinge im Leben unseres Dackels, gegen die ist kein Kraut gewachsen, mit denen muß man leben, ob man will oder nicht.

Kotwälzen

Sich in Kot oder anderem Unrat zu wälzen, ist eine Eigenschaft, die alle Hunde haben, und mit ganz besonderer Vorliebe tut das unser Dackel. Kein Wissenschaftler hat noch herausgefunden, warum. Man nimmt an, daß der Hund mit dem Wälzen in Kot – oder auch in sonst etwas, Hauptsache, es stinkt ordentlich – geruchsmäßig seiner momentanen Umgebung anpassen möchte. Ein Mittel, ihm das abzugewöhnen, gibt es nicht.

Raufen

Im allgemeinen ist unser Dackel zwar rotzfrech, ansonsten aber ein friedliches und geselliges Tier. Trotzdem kann man erleben, daß immer wieder welche aneinander geraten. Und dabei sucht sich unser Dackel garantiert immer die größten Hunde aus.

Es gibt da welche, die gehen nur im angeleinten Zustand auf den Artgenossen los; werden sie dann von der Leine gelassen, sind sie die friedlichsten Kumpel. Ein guter Hundeführer wird mit derartigen Situationen fertig, schwerer wird es schon, einen notorischen Raufer zur Vernunft zu bringen. Ein erstklassiges Mittel dagegen ist da immer ein kraftraubendes Laufpensum. Dann wird der ziemlich müde Raufer seinem Artgenossen gegenüber abgelegt, zuerst in ziemlich großer Entfernung, mit der Zeit immer näher. Sollte der Raufer dann immer noch nicht „gescheiter“ geworden sein und weiterhin Raufgelüste an den Tag legen, so sollte er schon bestraft werden.

Erwähnenswert ist vielleicht noch, daß Rüden, wenn sie aufeinander treffen, meistens Scheingefechte führen, das sind die sogenannten „Blender“. Wenn dagegen Hündinnen einmal miteinander zu raufen anfangen, dann wird es schon ernster.

Löchergraben

Eine Unsitte, die auch besonders unter unseren Dackeln verbreitet ist, ist das Löchergraben, meistens im Garten, und besonders da, wo die Hausfrau gerade frische Samen in die Beete gelegt hat. Unser Dackel ist ja bekanntlich zwar ein Erdhund, aber da hört sich die Gemütlichkeit auf. Er gräbt eigentlich nur, weil es ihm Spaß macht. Wird er auf frischer Tat ertappt, sollte er bestraft werden. Aber wer bringt das schon zusammen?

Gras- und Kotfressen

Wenn unser Dackel Gras oder Kot frißt, dann hat das keineswegs zu bedeuten, daß es in Kürze regnet, wie unsere Altvordern meinten. Ein Hund, der bekanntlich Fleischfresser ist, braucht gewisse Verdauungsstoffe, und dazu gehört auch ein bestimmtes Gras. Ein Raubtier in der freien Natur frißt zum Beispiel zuerst den Inhalt des Magens von dem Tier, das getötet wurde, und macht sich erst dann über das Fleisch her. Im Magen vieler Pflanzenfresser befinden sich bereits vergorene Restbestände von Blättern, Gras, usw., und das braucht das Raubtier für die Verdauung. Es ist also kein Zufall, daß unser Dackel zum Beispiel nichts lieber frißt, als einen nur umgedrehten Magen von einem frisch erlegten Reh. Auch der Rinderblättermagen ist ein Leckerbissen für unseren vierbeinigen Freund.

Also: Vom Fleischer einen Teil des nur ausgeputzten Rindermagens besorgen und ab und zu an den Dackel verfüttern. Man wird feststellen, daß der Hund dann sehr schnell allen Unrat stehenläßt.

Hühnerjagen

Jagdhunde, zu denen ja bekanntlich auch unser Dackel gehört, haben einen angeborenen Jagdinstinkt. Unser kleiner Gefährte wird daher – und das schon im Welpenalter – nicht vor Hausgeflügel haltmachen. Zuerst ist das nur ein Hineinprellen, aus Freude darüber, wie lustig die alle – Hühner, Enten, Tauben – auseinanderflattern. Wenn es aber an die Legehühner des Nachbarn geht, dann wird es ernst: Bekanntlich war es immer gerade die beste Eierproduzentin.

Den Hund auf frischer Tat erwischen und die Henne vor ihrem Unglück retten, das ist die beste Methode. Wenn es aber schon zu spät ist, dann hilft schon einmal – man möge mir verzeihen –, wenn man dem Dackel das Huhn auf den Balg haut (und den Nachbarn ordentlich bezahlt). Ansonsten kenne ich kein Mittel. Das Schlimme ist dabei, daß sich der Nachbar das Huhn bezahlen läßt und anschließend dieses Vieh auch noch mitnimmt und selber verzehrt.

Streunen

Wer hat es nicht schon erlebt: Schon seit längerer Zeit ist er verschwunden, unser Liebling. Da hat die beste Erziehung nicht genutzt: die Abfallgrube eines Nachbarn oder der Duft einer hitzigen Hündin, die irgendwo steht, waren eben stärker als der Drang, zu Hause zu sein. Wenn dann der Zeitpunkt kommt, und unser gut erzogener Liebling steht wieder vor der Tür, so ist es einfach sinnlos, ihn zu strafen. Er wird es wieder tun.

Eine einzige Chance gibt es, ihn von seinen Ausflügen zu kurieren: Wenn man ihn dabei erwischt, wie er gerade ausrücken möchte. Eine kleine Strafe nützt bei dieser Gelegenheit möglicherweise doch etwas, auch wenn ich meine Zweifel habe. Nehmen Sie es also mit Humor!

Nagen

Als Nager ist unser Dackel ein absoluter Weltmeister. Besonders in der Zeit des Zahnwechsels ist es ganz schlimm.

Er zerbeißt gerade in dieser Zeit alles, was er bekommen kann. Dagegen hilft eigentlich nur eines: die Flucht nach vorne. Irgendeiner in der Familie muß seine alten Hausschuhe opfern. Die kann unser kleiner Freund dann mit Wonne zerlegen.

Das Zusammenleben von Hunden und mit Menschen

Freundschaften und Feindschaften

Im Zusammenleben der Menschen gibt es Sympathie und Antipathie, entweder man mag sich oder man mag sich nicht. Bei den Hunden ist das nicht anders. Was aber anders ist, ist daß der Mensch – im Gegensatz zum Hund – seine Zu- bzw. Abneigung nicht so offen zur Schau trägt, wenigstens in den meisten Fällen.

Unser Hund kann an keinem Artgenossen vorbei, ohne ihn zu beschnüffeln. Erst nach dieser ersten Fühlungnahme entscheidet es sich, ob er den Kollegen zum Spielen auffordert oder ob er ihn anknurrt. Das Sträuben der Nackenhaare ist das erste Zeichen für eine Antipathie. Unser Hund spielt also sozusagen immer mit offenen Karten.

Besondere Ausdrucksformen

Eine optische Ausdrucksform ist an unserem Dackel berühmt, das ist sein Blick. Der Philosoph unter den Hunden zeigt gerade mit seinem Blick, was er zum Ausdruck bringen will. Bei Argwohn legt er zudem noch die Behänge nach hinten. Falls er Angst hat, zieht er auch noch die Lippen nach oben.

Das offenkundigste Gefühlsbarometer jedoch ist seine Rute. Wir alle wissen: Wenn dieser Körperteil zwischen die Hinterläufe geklemmt ist, dazu noch die Augen nach hinten verdreht sind, dann hat er sich zur Flucht vorbereitet. Das Wedeln dagegen ist nicht nur ein Zeichen, daß der Dackel uns freundlich gesonnen ist, es ist überhaupt ein Zeichen freudiger Erregung, weil es entweder hinaus in den Wald oder zum Spazieren geht.

Lautgeben oder Bellen

Das Bellen ist ganz einfach die naturgewollte Ergänzung zu den vorher genannten Ausdrucksformen. Die Palette reicht vom Jaulen, über das Winseln und Quietschen bis hin zum lauten Bellen.

Wer seinen Dackel kennt, der wird anhand seiner verschiedenen Gemütsäußerungen immer wissen, woran er ist.

Böse Hunde? Verdorbene Hunde?

Für mich gibt es keinen bösen Hund, sondern nur einen verdorbenen. Das Theater kann dabei schon im Junghund-Alter losgehen: Der Hund macht irgendwann einmal einen Fehler, und schon bekommt er Prügel, und zwar mit der Hand. Die Folge ist, daß er sich bei jeder Gelegenheit abduckt, wenn er nur berührt werden soll, von Streicheln kann erst recht keine Rede sein – der Hund ist handscheu geworden.

Unser eigener Hund hätte normalerweise in unserem Garten ein Paradies, wenn nicht die Nachbarskinder wären. Die ärgern unseren Hausgenossen Tag für Tag, indem sie ihn am Gartenzaun reizen, Gegenstände nach ihm werfen und sich dann noch

Sag' ich ja: Böse Hunde gibt's nicht, und böse Dackel schon gar nicht!

wundern, wenn er wirklich einmal frei ist, daß er sofort auf sie losgeht. Ganz abgesehen davon wird er durch diese Anhetzerei zu einem üblen Kläffer. Es sind dann dieselben Nachbarn, die sich wegen Ruhestörung beschweren.

Es denke also ein jeder darüber nach, warum der Hund handscheu geworden ist oder warum er zum Angstbeißer verdorben wurde. Das ewige Necken, zum Beispiel mit einer Gerte, wird dem Hund langsam aber sicher zuviel, und wenn er sich nicht mehr zu helfen weiß, dann schnappt er halt zu.

Jeder tut also gut daran, wenn er dafür sorgt, daß unser Dackel nur mit verständnisvollen und ihm wohlwollenden Menschen in Berührung kommt, vor allen Dingen in den ersten Lebensmonaten, denn an unserem Hund liegt es nicht, wenn er langsam aber sicher zu einem „verdorbenen“ Hund wird.

Allgemeines

Der Liebling von Jung und Alt

Für den Dackel beginnt mit dem Verlassen des mütterlichen Nestes der Ernst des Lebens. In der neuen Umgebung wird sich unser Kleiner sehr schnell dem mütterlichsten Familienmitglied anschließen, am liebsten derjenigen Person, die ihm immer sein Futter gibt.

Von Natur aus ist der Hund sicher kein Einzelgänger, denn abstammungsmäßig kommt er vom Wolfsrudel, er liebt also die Geselligkeit, und erst recht unser Dackel! Wenn er nicht in einer Zwingermeute landet, findet er sehr schnell Anschluß im engsten Familienkreis.

Sehr schnell, das heißt mit zunehmendem körperlichen Wachstum, versucht er, fast unmerklich seinen Kopf durchzusetzen, ab jetzt heißt es aufpassen, denn wenn man den Zeitpunkt übersieht, hat man bei einem Dackel verloren. Die Erziehung zu einem brauchbaren Hausgenossen beginnt bei unserem Dackel bereits im ersten Vierteljahr, da die Entwicklung vom Welpen zum Junghund sehr stürmisch verläuft. Schon im Alter von einem halben Jahr verfügt unser Dachshund über ein vollständiges Gebiß, und mit neun Monaten fühlt er sich schon erwachsen und geschlechtsreif.

Achtung! Bringt es der Dackel mit seiner ersten Tolpatschigkeit fertig, die ganze Familie für sich einzunehmen, dann ist es zum Haustyrannen nicht mehr weit! – Hier muß der „Meuteführer“ in der Familie eingreifen und seine ganze Überlegenheit einbringen; wie das geschieht, das steht in diesem Buch an anderer Stelle.

Unser Dachshund will mit rund vier Monaten kein Spielzeug mehr sein, denn er ist schon von diesem Zeitpunkt an eine kleine Persönlichkeit. In der Natur zum Beispiel erkämpft er sich von diesem Zeitpunkt an schon seine Rangstellung. Ab dieser Zeit wird er nur mehr dem Überlegenen folgen.

Jeder Hund ist ein guter Beobachter, und besonders unser Dackel! Genau wie bei uns Menschen, wo gelegentlich ein gewisser Kampf um die Liebe eines Kindes ausbricht, was für das Kind nicht immer von Vorteil ist, genauso benehmen wir Menschen uns in vielen Fällen gegenüber unserem Hund. Unser Dackel hat von Anfang an keine besondere Vorliebe für irgendwelche Dinge, sie wird ihm von uns Menschen erst anerzogen. Es gibt von Haus aus keinen sogenannten „Herrenhund“ oder einen „Schoßhund“. Beide Spezies entstehen erst durch falsche Erziehung oder durch Verzärtelung.

Dackel und Kinder

Es wird eine Zeit kommen, in der sich unser Dackel von Herrchen und Frauchen zurückzieht, nämlich dann, wenn Kinder im Haus sind. Ganze Bücher könnten über das Verhältnis Kind und Hund geschrieben werden. Die Gefühle des Hundes gegenüber einem Kind sind überreich.

Zuerst erwacht ein gewisser Schutztrieb. Wir hatten eine Hündin, die bewachte unsere Tochter vom Tage ihrer Geburt bis zum Erwachsensein, keiner durfte sie anrühren.

Vielen Rassen liegt es im Blut, Kinder zu verteidigen, sogar von Lebensrettungen hört man hin und wieder. Beginnen tut das Ganze mit dem Spieltrieb. Der Hund läßt sich die unglaublichsten Dinge gefallen. Die Eltern sollten dieses Verhältnis schon kontrollieren, besonders in Hinsicht auf die Hygiene. Auf der anderen Seite fällt mir gerade dazu eine Episode ein: Wir kamen eines Tages in die Küche, und unsere Tochter lag bäuchlings auf dem Fußboden, und sie hat, gemeinsam mit dem Dackel, aus dessen Wasserschüssel gesoffen, und zwar genau wie der Hund, das Wasser wurde mit blitzschnellen Bewegungen der Zunge

Gefühle.
Gegenüber Kindern hat sie der Dackel in überwältigendem Ausmaß.

aufgenommen. Passiert ist ihr deswegen nichts, sie lebt noch heute, von wegen Parasiten und so.

Mit großer Anhänglichkeit, grenzenlosem Zutrauen und unbändiger Treue beschenkt unser Dackel die Menschen, und für all diese Geschenke verlangt er nur einen entsprechenden Platz in der Lebensgemeinschaft der Familie, in die er gehört, und nicht nur in den Zwinger.

Großstadtmensch und Tierliebe

Alle Meinungsforscher stellen seit langer Zeit eine konstante Erscheinung fest: die Liebe des Großstadtmenschen zum Haustier. Hier nimmt der älteste Freund des Menschen, der Hund, eine besondere Stellung ein, und innerhalb dieser Gattung steht unser Dackel ganz oben.

Sehr häufig entwickelt sich aus einer Kauflaune und aus dem ersten Kennenlernen eine große Liebe zum Tier. Besonders unser Dackel versteht es, sich mit allen Raffinessen in das Herz eines Menschen einzuschmeicheln. Warum gerade die Liebe des Städters zum Hund eine so große ist, kann eigentlich keiner erklären. Einer der Gründe mag Vereinsamung sein, und da ist der Dackel dann genau der Richtige. Er ist in seiner Anhänglichkeit unübertroffen. Außerdem verschafft so ein Tier seinem Besitzer viele Stunden Beschäftigung. Er verlangt sein tägliches Pensum an Bewegung, und so trägt er unbewußt auch zur Gesunderhaltung seines Herrchens oder Frauchens bei.

Es soll viele Großstadtmenschen geben, die einen Vierbeiner zuerst ablehnen, aber wenn sie erst einmal einen haben, dann wird er um keinen Preis dieser Welt wieder hergegeben.

Bevor sich aber ein Stadtmensch einen Dackel zulegt, sollte er zuerst gründlich seinen Mietvertrag lesen, auch eine Absprache mit den Nachbarn kann nicht schaden.

Hundehaltung und Mietvertrag

Das Mietrecht ist in jedem Land anders. Die einen sind großzügiger, andere wiederum legen alles strenger aus. Aus diesem Grund können an dieser Stelle nur Empfehlungen abgegeben werden.

Grundsätzlich ist es in den meisten Ländern so, daß für die Haltung eines Hundes in einer Mietwohnung die Genehmigung des Hausbesitzers eingeholt werden muß, denn sonst gibt es mit Sicherheit Ärger. Hat sich der Mieter trotz Verbotes einen Hund angeschafft, dann wird in aller Regel der Vermieter bei einer Klage Recht bekommen, um so mehr, wenn die Hundehaltung erst kurze Zeit besteht. Wenn der Vermieter – trotz Verbotes – für längere Zeit das Halten eines Hundes durch den Mieter geduldet hat, dann ist von einer stillschweigenden Genehmigung auszugehen, und der Vermieter wird sich mit dem plötzlichen Verbot einer Hundehaltung schon schwerer tun.

Es kommen auch Fälle vor, in denen sich der Mieter aus beruflichen Gründen (z. B. Polizei) einen Hund halten muß, oder weil er blind ist. In so einem Fall wird sich der Vermieter mit einem plötzlichen Verbot gleichfalls schwer tun.

Es ist also in jedem Fall ratsam, von Haus aus für klare Verhältnisse zu sorgen und in einem abzuschließenden Mietvertrag oder überhaupt vor der Anschaffung eines Hundes eine schriftliche Erlaubnis vom Besitzer einzuholen.

Hundeversicherung und Haftpflicht

Jeder Hundebesitzer haftet grundsätzlich für den Schaden, den sein Hund verursacht. Ausnahmen gibt es, wenn ein Fremder den Hund ohne Grund schlägt oder wenn der Hund zum Beispiel gereizt wird. Voraussetzung ist, daß die Beaufsichtigung durch den Besitzer gegeben war. Hinweisschilder alleine genügen nicht, wenn etwa ein Hoftor offensteht und ein Fremder betritt den Hof und er wird vom Hund gebissen, dann haftet der Besitzer.

Auf der Straße haftet der Hundehalter grundsätzlich für jeden Schaden, den sein freilaufender Hund verursacht. Es ist daher unbedingt erforderlich, daß der Hundehalter eine Tierhaftpflichtversicherung abschließt.

Besonders wichtig ist der Hinweis, daß diese Haftpflichtversicherung keinen Schaden ersetzt, den der Hund selbst erleidet. Hier ist wieder eine gesonderte Tierversicherung notwendig.

Grundsätzlich sollte der Hundehalter mehrere Versicherungsgesellschaften konsultieren, bevor er irgendeinen Vertrag unterschreibt. Es bestehen sowohl in der Beitragsgestaltung große Unterschiede, wie auch in der Höhe der Regulierungssummen.

Dackel und Straßenverkehr

Auf der Straße muß der Dackel von einer Person begleitet werden, die ausreichend auf ihn einwirken kann. In den meisten Fällen angeleint, wenn er gut abgerichtet ist auch frei bei Fuß. Auf keinen Fall sollten diese Ziehleinen – wie schon einmal gesagt: eine absolute Fehlkonstruktion! –, deren Schnur rund 5 bis 7 Meter ausziehbar ist, Verwendung finden, denn wenn der Hund an diesem Instrument hängt, dann kann man ihn gleich frei laufen und totfahren lassen. Es gibt da ausreichend Beispiele dafür. Von „Leinenführigkeit" kann bei diesen Dingern jedenfalls keine Rede sein.

Kommt ein anderer wegen dieser Anleinmethode zu Schaden, oder auch, weil der Hund frei durch die Gegend rennt, dann wird das für den Hundebesitzer in den meisten Fällen sehr teuer.

Lebensdauer

Jeder, der sich einen Dackel anschafft, stellt sich auch die Frage: Wie alt kann unser Hund werden?

Während immer größere Bestrebungen unternommen werden, das menschliche Leben zu verlängern, was auch gelingt, so verhalten sich die Dinge bei unserem Dachshund gerade umgekehrt, und das trotz vielerlei Spezialfutter und Vitaminbeigaben. Mit dieser Tatsache beschäftigen sich weltweit bekannte Tierpsychologen. – Sicher ist, daß durch vernünftige Ernährung, gute Pflege und verantwortungsvolle Behandlung das Leben unseres Dackels verlängert werden kann.

Über das mögliche Alter, das der Dachshund erreichen kann, gibt es verschiedene Meinungen. Die einen behaupten, zwölf bis fünfzehn Jahre seien das höchstmögliche Hundealter. Andere wiederum meinen, selbst zwanzigjährige Hunde seien keine Seltenheit. Fest steht jedenfalls: Bei unserem Dackel kann es vorkommen, daß er ein Alter von sieben bis neun Jahre nicht überlebt. Aber auch beim Dackel gibt es da Ausnahmen. Wie beim Menschen gibt es gewisse Stämme, die dafür bekannt sind, daß sie sehr alt werden, während andere durch ein sehr kurzes Leben auffallen.

Von entscheidender Bedeutung für die Lebensdauer ist die Aufzucht, die so angelegt werden muß, daß die in unserem Hund vorhandenen körperlichen und geistigen Veranlagungen geweckt werden. Was hier verabsäumt wird, kann in späterer Zeit nie mehr aufgeholt werden. Richtig aufgezogene Dachshunde, die in frühester Jugend – und die beginnt bereits im Welpenalter! – richtig gefüttert wurden, denen Mineralstoffe zugeführt wurden, welche ihr Körper für den Aufbau braucht, die in vernünftigem Maß viel Luft und viel Sonne und vor allen Dingen Bewegung bekommen haben, werden in späteren Jahren den negativen Einflüssen in ihrem Leben viel robuster gegenüberstehen und entsprechend älter werden.

Genauso wichtig wie die Aufzucht ist jedoch die spätere Lebensweise unseres Dackels, denn auch ein erwachsener Hund braucht, wenn er uns lange Freude bereiten soll, eine gesunde Ernährung, eine gute Unterkunft und, immer wieder: viel Bewegung. Dackel, die mit Wurstsemmeln und Schokolade vollgestopft werden, die nur in Frauchens Bett schlafen, und wenn sie gar einmal auf die Straße geführt werden, dann wird ihnen gleich ein Mäntelchen angezogen: die haben mit Sicherheit kein langes Leben zu erwarten.

Die ersten Anzeichen des Alterns sind meistens graue Haare am Kopf und am Fang, das Nachlassen der Bewegungsfreude und auch das Eintrüben der Augenlinse.

Es wird auch immer wieder die Frage gestellt, ob der Rüde oder die Hündin älter wird. Da gibt es keine Unterschiede, beide können dasselbe Alter erreichen. Ein Rüde, der übermäßig zum Decken Verwendung findet, und eine Hündin, der jährlich zwei Würfe zugemutet werden, altern zwangsläufig früher.

Genau wie bei uns Menschen, so ist es auch bei unserem Dackel: ein vernünftiges Leben ist für ein hohes Alter unerläßlich. Im Gegensatz zu uns Menschen, die wir selbst in der Lage sind, unser Leben zu gestalten, braucht der Dackel unsere Hilfe, und die sollten wir ihm geben, denn wir wollen ja lange Zeit Freude an ihm haben.

Wenn das Interesse am Hund erlischt

Hier soll weniger darüber gesprochen werden, was ist, wenn der Hund älter wird, denn wenn ich mir einen Dackel angeschafft habe, dann habe ich auch die Pflicht, ihn bis ins hohe Alter ordentlich zu versorgen. Hier geht es darum, wenn der Mensch älter wird, wenn ihn eine Krankheit überfällt, und so weiter. Auch familienbedingte Veränderungen können dazu führen, daß der Hund nicht mehr gehalten werden kann. Die Ehefrau bekommt zum Beispiel ein Kind, mit dem Hund war sie ohnehin nie ganz einverstanden, und schon ist der Teufel los, und der arme Hund muß das Ganze ausbaden.

Eine ganz andere Situation entsteht, wenn der Hundehalter älter wird. Mit dem Älterwerden können oft einschneidende Veränderungen im Leben der Menschen verbunden sein: es steht wesentlich weniger Geld zur Verfügung als bisher, die Wohnungsverhältnisse ändern sich, und so weiter. Dann kommt die Zeit, in der beide, Herr und Hund, nicht mehr ihrem gewohnten Rhythmus nachgehen können, der Herr weiß warum, der Hund kapiert das überhaupt nicht.

Ein anderer Fall ist, wenn der Hundehalter krank wird. Unser Dachshund wird vorerst überhaupt nicht verstehen, warum er auf einmal nicht mehr die gebührende Aufmerksamkeit bekommt. Die Folge ist, beide, Herr und Hund, sind nicht mehr zufrieden miteinander. Sollte eine derartige Situation einmal eintreten, in der sich der Hundehalter unverschuldet nicht mehr um seinen Dackel kümmern kann, dann gibt es nur eine Konsequenz: für den Hund muß eine andere ordentliche Stelle gesucht werden. Auch diese Trennung ist schmerzhaft, aber immer noch besser als ein langsames Absterben der gegenseitigen Zuneigung, und das Tierheim ist doch wohl das Allerletzte, wohin ein gewissenhafter Hundehalter seinen Hund bringt.

Das Ende

Irgendwann kommt der Zeitpunkt, an dem es Abschied nehmen heißt. Es ist eine Tragik, daß der Hund eine fünf Mal kürzere Lebenserwartung hat als der Mensch. Da ist das menschliche Wesen noch nicht einmal dem Kindesalter entwachsen, ist der Hund schon im hohen Alter. Es soll Menschen geben, die sich gerade wegen der frühen Trennung und dem damit verbundenen Schmerz keinen Hund anschaffen. Dieser Standpunkt ist nicht richtig, denn es ist unabänderliches Gesetz, daß im menschlichen Leben Freude mit Leid bezahlt werden muß.

Manche schaffen sich sofort wieder einen neuen Dackel an und erleben dann, daß der Neue doch eine ganz andere Persönlichkeit ist wie der vorherige. Der Mensch ist halt viel treuloser als unser Dackel, denn der vergißt seinen Herrn nie.

Wenn es also dann eines Tages doch so weit ist, daß unser Dackel trotz guter Pflege und trotz eines guten Zusammenlebens aus Altersschwäche oder wegen einer Krankheit seine Familie verlassen muß, dann ist eine humane Tötung angesagt, denn derjenige, der seinen Vierbeiner irgendwelchen gewissenlosen Gesellen überläßt, nur weil er nicht dabei sein will, der versündigt sich. Der humanste Weg ist immer noch der Gang zum Tierarzt. Der schläfert unsern Dackel ein, und er gibt ihm eine weitere Spritze, von der unser Hund nichts spürt.

Aber bis es soweit ist, werden Sie noch viele herrliche Stunden mit ihrem Dackel erleben. Sie wissen schon: Er ist der

Philosoph unter den Hunden, er ist ein Kobold, er ist der liebenswerteste Geselle, den es gibt, ganz gleich ob wir ihn „Teckel“, „Dackel“ oder „Dachshund“ nennen...

Schlußwort:

... und noch einmal entscheidende Ratschläge

Wenn immer noch Zeitgenossen unter uns weilen, die nicht davon überzeugt sind, daß unser Dackel eine Ausnahmeerscheinung ist, die mögen die nachfolgenden Zeilen lesen.

1. Die Ahnentafel, die Sie beim Abholen Ihres Dackel-Welpen mitbekommen, ist fast so wertvoll, wie der Hund selbst. Sie verschafft Ihnen Zugang nicht nur zu den hundlichen Adelsgesellschaften, sondern auch zu den menschlichen. Ein Dackel ohne Ahnentafel ist ein Niemand.
2. Das Wort „Angst“ ist für unseren Dachshund ein Fremdwort. Sollte dieses Gefühl doch einmal auftreten, dann wird es durch lautes Gebell vollkommen niedergehalten.
3. Bissig ist ein Dackel überhaupt nicht, und wenn er schon einmal einen Menschen ins Wadel beißt, dann nur, weil er als kleiner Hund öfters übersehen wird.
4. Das Wort „Dachshund“ ist die Urbezeichnung von unserem Dackel, stammend aus einer Zeit, in der er noch härteste Kämpfe unter der Erde durchstehen mußte und alles herausgehauen hat, was sich bewegte. Der heute in sehr vielen Fällen vorhandene „Stadt-Dackel“, der nur Parkanlagen kennt und dem sich beim Wort „Dachs“ schon die Haare aufstellen, ist mit dem Dachshund nicht gemeint.
5. Der sogenannte „Dackelblick“ wird immer dann eingesetzt, wenn sich unser Dackel etwas erbetteln will oder wenn er etwas ausgefressen hat.

6. Das Decken ist ein Vorgang, bei dem nur der Deckrüdenbesitzer kassiert, man kann diesen Vorgang schon fast „gewerbsmäßige Unzucht“ nennen, weil das Ganze meistens unter Ausschluß der Gesellschaft stattfindet und der Rüde dieses Geschäft nur gleichgültig ausübt.
7. Die Erziehung ist ein Abschnitt im Leben eines Dackels, in welchem sich Herrchen und Frauchen beweisen wollen, wie energisch sie doch sind. Dabei auftretende Erfolge sind rein zufällig und von unserem Dackel gewollt, damit er im Anschluß tun und lassen kann, was er will.
8. Frauchen ist die Person, die in den meisten Fällen für den Futternapf zuständig ist. Außerdem ist sie etwas nachgiebiger als Herrchen.
9. Gebrauchshunde, das sind die Arbeitstiere unter den Dachshunden. Während die Stadt-Dackel in der Stadt über ihre Verhältnisse leben und von ihren Zweibeinern verhätschelt werden, müssen erstere durch den Wald rennen und manchmal sogar unter die Erde kriechen, um sich mit irgendwelchen penetrant riechenden Füchsen herumzuärgern.
10. Herrchen, das ist der Zweibeiner, von dem ein Dackel den meisten Druck bekommt. Jener Dackel ist gut beraten, der ab und zu schon einmal auf die etwas tiefere Stimme hört, als sie das Frauchen hat. Schlimm wird es für den Dackel, wenn sich dieser Zweibeiner wirklich als Herr aufspielt, was ein Dackel überhaupt nicht leiden kann *(siehe auch Punkt 14, „Prügel“).*
11. Als „Hinterbein“ wird jener Lauf bezeichnet, welchen der Dackel weniger zum Gehen benötigt als zum Heben vor sämtlichen Sofas und ähnlichem.
12. Der Knochen ist ein Kaugerät, das ein Dackel – seiner Meinung nach – viel zu wenig bekommt. Den Vorwand der Zweibeiner, daß es bei übertriebenem Genuß davon zu

Darmschwierigkeiten kommen kann, läßt der Dackel nicht gelten.

13. „Langhaar-Dackel“, das ist die Bezeichnung für den unter Artgenossen als hochnäsig geltenden Zeitgenossen, was durchaus nicht stimmt, denn im Inneren steht er seinen Artgenossen in nichts nach. Er hat sogar den Vorteil, daß er nach einem Spaziergang im Regen sofort nach dem Nachhausekommen aufs Sofa springen und sich auf diesem ausgiebig schütteln kann, was bei den gesamten Mitbewohnern zu regelrechten Schreikrämpfen führt.

14. „Prügel“, das ist die Bezeichnung für das, was man bekommt, wenn man aus Versehen in die falsche Wade beißt, wenn man bei nichtgenehmigten Gegenständen das Bein hebt, und anderes mehr. Gelegentlich dient es auch als Hilfsmittel bei der Erziehung eines Dackels, was jedoch zu keinerlei Erfolg führt.

15. Der Rauhhaar-Dackel ist der Anarchist unter den Dackeln, vielleicht, weil gerade er immer zu den schwersten Waldarbeiten hergenommen wird. Dabei unterscheidet er sich, was die Gutmütigkeit betrifft, in keiner Weise von seinen Genossen anderer Haarart.

16. Stubenrein ist jener Dackel, der nicht immer den Teppich anpinkelt. Manche Zweibeiner klopfen ihre Sprüche, daß gerade ihr Dackel bereits nach zwei Wochen stubenrein sei. Stubenrein ist im Grunde genommen eine Zumutung für den Dackel, weil er bei Wind und Wetter aus dem Haus gejagt wird, während die Zweibeiner einen eigenen Raum für ihre Bedürfnisse eingerichtet haben und nicht bei jedem Sch...wetter auf die Straße müssen.

17. Als „Teckel“ werden diejenigen unter den Dackeln bezeichnet, die nördlich der Main-Linie zu Hause sind. Rein äußerlich sind sich der Teckel und der Dackel gleich,

innerlich jedoch etwas verschieden: Während der Dackel eine Frohnatur ist, neigt der Teckel doch etwas dazu, seine Nase ziemlich hoch zu tragen, was aber nicht seine Schuld ist, weil ihm das von den Menschen dort oben anerzogen wurde.

18. Als angeborener Zustand des Dackels gilt die Unschuld, bedingt auch durch den berühmten Dackelblick. Ganz gleich, was der Dackel angestellt hat, er ist grundsätzlich unschuldig!

19. Der Wadenbeißer ist eine Gattung, die man bei allen Hunden antrifft. Bei den Dackeln gibt es sie häufiger, bedingt durch ihre Größe. Die Schnauze eines Dackels befindet sich in den meisten Fällen auf der gleichen Höhe wie eine Wade. Sie ist daher ein bevorzugtes Beißobjekt.

20. Die Zuchtschau oder Ausstellung ist für jeden Dackel eine Zumutung. Nicht nur, daß er Wochen vorher getrimmt und gestriegelt wird, auch ein aufrechter Gang wird ihm beigebracht. Einen Tag vorher bekommt er nichts mehr zum Fressen. Von jeder Menge Zweibeiner wird er angeglotzt, und wenn dann am Schluß nur die Bewertung „genügend" herauskommt, dann ist auch wieder der Dackel daran schuld.

Fazit: *Wenn Sie immer noch nicht zum Dackelliebhaber geworden sind, dann kann Ihnen kein Mensch dieser Welt mehr helfen!*

Auf Wiedersehen!